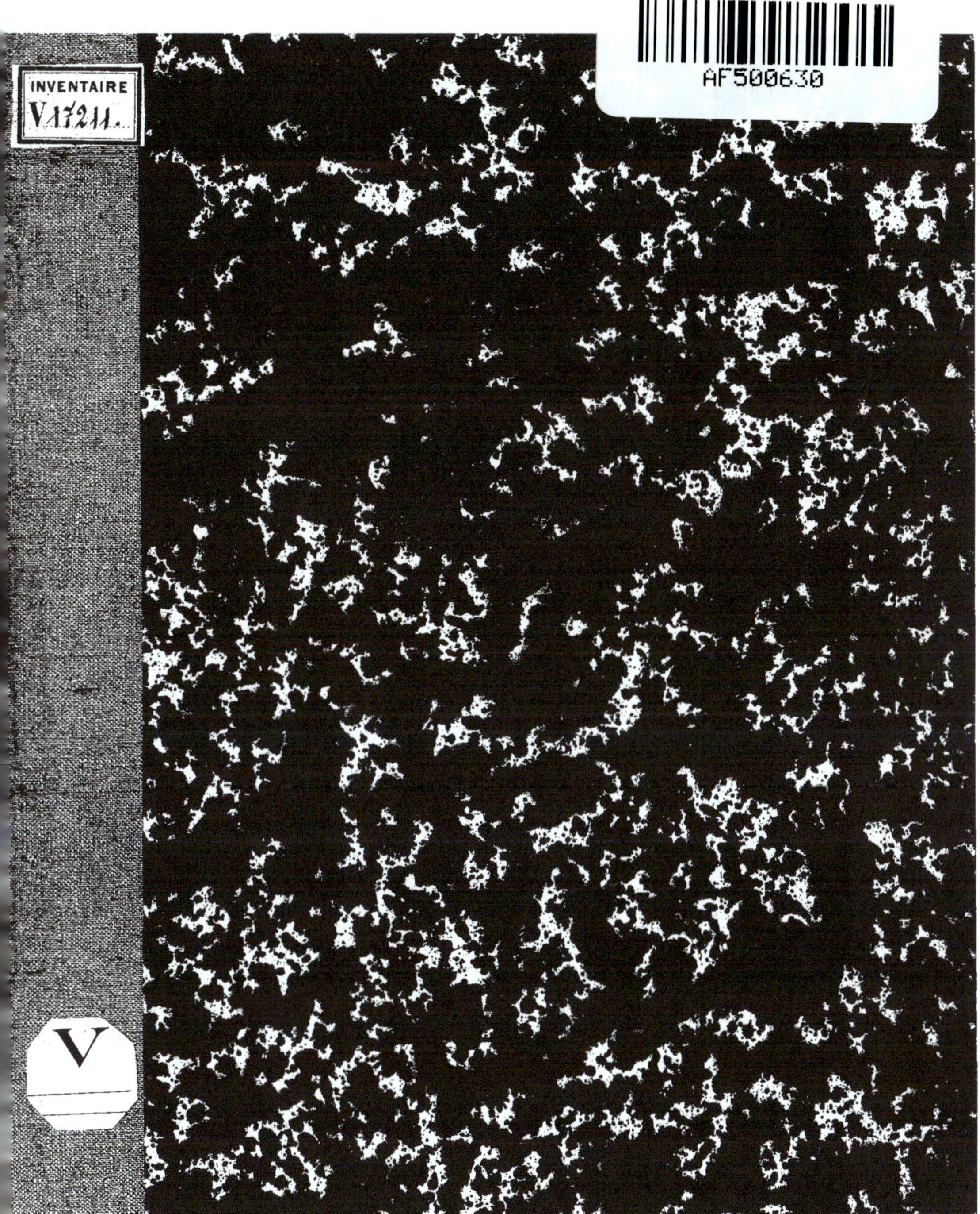
INVENTAIRE
V 17211.
AF500630
V

ACADÉMIE DE PARIS.

FACULTÉ DES SCIENCES DE PARIS.

DOYEN	MILNE EDWARDS, Professeur.	Zoologie, Anatomie, Physiologie.
PROFESSEURS HONORAIRES	BIOT.	
	PONCELET.	
PROFESSEURS	DUMAS	Chimie.
	DESPRETZ	Physique.
	DELAFOSSE	Minéralogie.
	BALARD	Chimie.
	LEFÉBURE DE FOURCY	Calcul différentiel et intégral.
	CHASLES	Géométrie supérieure.
	LE VERRIER	Astronomie.
	DUHAMEL	Algèbre supérieure.
	GEOFFROY-SAINT-HILAIRE	Anatomie, Physiologie comparée, Zoologie.
	LAMÉ	Calcul des probabilités, Physique mathématique.
	DELAUNAY	Mécanique physique.
	PAYER	Botanique.
	C. BERNARD	Physiologie générale.
	P. DESAINS	Physique.
	LIOUVILLE	Mécanique rationnelle.
	HÉBERT	Géologie.
	PUISEUX	Astronomie.
AGRÉGÉS	BERTRAND	Sciences mathématiques.
	J. VIEILLE	Sciences mathématiques.
	MASSON	Sciences physiques.
	PELIGOT	Sciences physiques.
	DUCHARTRE	Sciences naturelles.
SECRÉTAIRE	E. PREZ-REYNIER.	

A

Monsieur Nouseilles,

Proviseur au Lycée Charlemagne, Recteur honoraire.

Témoignage d'Affection
et de Reconnaissance.

THÈSE D'ANALYSE.

SUR LE DÉVELOPPEMENT DES FONCTIONS EN SÉRIES ORDONNÉES SUIVANT LES DÉNOMINATEURS DES RÉDUITES D'UNE FRACTION CONTINUE.

Introduction

1. Soit la fraction rationnelle

$$\frac{f(x)}{F(x)}$$

où $f(x)$ et $F(x)$ sont deux polynômes entiers de degrés n et $m+1$,

$$f(x) = ax^n + \ldots,$$
$$F(x) = Ax^{m+1} + \ldots.$$

Supposons m supérieur ou au moins égal à n, et désignons par

$$x_0, \quad x_1, \ldots, \quad x_i, \ldots, \quad x_m$$

les $m+1$ racines (supposées inégales) de l'équation

$$F(x) = 0.$$

Posons

$$\frac{f(x_i)}{F'(x_i)} = P_i$$

de façon qu'on ait

$$\frac{f(x)}{F(x)} = \sum_i \frac{P_i}{x - x_i}.$$

La recherche du plus grand commun diviseur de $F(x)$ et $f(x)$, effectuée en changeant le signe du reste dans chaque opération partielle (comme cela se pratique dans le théorème de Sturm), conduit aux relations

$$(1)\qquad \left\{\begin{aligned}
\frac{F}{f} &= Q_1 - \frac{R_1}{f},\\
\frac{f}{R_1} &= Q_2 - \frac{R_2}{R_1},\\
\frac{R_1}{R_2} &= Q_3 - \frac{R_3}{R_2},\\
&\cdots\cdots\cdots\cdots\\
\frac{R_{k-2}}{R_{k-1}} &= Q_k - \frac{R_k}{R_{k-1}},\\
&\cdots\cdots\cdots\cdots\\
\frac{R_{n-2}}{R_{n-1}} &= Q_n - \frac{R_n}{R_{n-1}},\\
\frac{R_{n-1}}{R_n} &= Q_{n+1};
\end{aligned}\right.$$

$$(2)\qquad \frac{f(x)}{F(x)} = \cfrac{1}{Q_1 - \cfrac{1}{Q_2 - \cfrac{1}{Q_3 - \ddots - \cfrac{1}{Q_{n+1}}}}}.$$

F étant du degré $m+1$ et f du degré n, les restes

$$R_1,\quad R_2,\ldots,\quad R_k,\ldots,\quad R_{n-1},\quad R_n$$

sont de degrés

$$n-1,\quad n-2,\ldots,\quad n-k,\ldots,\quad 1,\quad 0.$$

Le quotient Q_1 est du degré $m+1-n$, ou $e+1$, en posant

$$m-n=e;$$

les autres quotients $Q_2,\ldots, Q_{n+1}$ sont linéaires. Nous écrirons donc

$$R_k = r_k x^{n-k} + \ldots,$$
$$Q_1 = q_1 x^{e+1} + \ldots,$$
$$Q_k = q_k x + t_k.$$

Enfin, si l'on désigne par

$$\frac{N_k}{D_k}$$

la réduite de rang k

$$\cfrac{1}{Q_1 - \cfrac{1}{Q_2 - \cdots - \cfrac{1}{Q_k}}}$$

dans la fraction continue (2), N_k sera un polynôme du degré $k-1$, et D_k un polynôme du degré

$$m+1-n+k-1=e+k,$$

degré que nous désignerons, pour plus de commodité, par ω.

2. Ces préliminaires établis, voici la question que je me propose de traiter :

Connaissant les $m+1$ *valeurs*

$$\varphi(x_0), \quad \varphi(x_1), \ldots, \quad \varphi(x_i), \ldots, \quad \varphi(x_m),$$

d'une fonction entière et du degré m, $\varphi(x)$, *développer cette fonction en une suite ordonnée suivant les dénominateurs* $D_k(x)$ *des réduites de la fraction continue* (2), *et étudier les propriétés de ce développement.*

Lorsqu'on cherche à résoudre ce problème, on est conduit à distinguer deux cas, suivant que dans la fraction

$$\frac{f(x)}{F(x)}$$

le degré n du numérateur est inférieur d'*une* ou de *plusieurs* unités au degré $m+1$ du dénominateur.

Dans le premier cas, le problème est possible et déterminé; il est résolu par la formule

$$(3) \qquad \varphi(x)=\sum_{k=0}^{k=m}\left[q_{k+1}D_k(x)\sum_{i=0}^{i=m}P_iD_k(x_i)\varphi(x_i)\right],$$

où l'on suppose $D_0(x)=1$.

Dans le second cas, les coefficients inconnus de

$$D_0(x), \quad D_1(x), \ldots, \quad D_n(x)$$

dépendent d'un système linéaire surabondant, et la question proposée est impossible. Le meilleur parti à prendre consiste à traiter ce système par *la méthode des moindres carrés,* en supposant aux valeurs données de

$$\varphi(x_0), \quad \varphi(x_1), \ldots, \quad \varphi(x_m),$$

le même degré de précision ; on obtient de cette manière une valeur approchée de $\varphi(x)$ sous la forme d'une fonction entière ordonnée suivant

$$D_0(x), \quad D_1(x), \ldots, \quad D_n(x).$$

En examinant alors de près la composition des coefficients ainsi trouvés, puis se reportant au premier cas, on voit que, *parmi toutes les fractions rationnelles susceptibles de conduire à une représentation exacte de* $\varphi(x)$, c'est-à-dire parmi les fractions dont le numérateur a un degré d'une unité inférieur au degré du dénominateur, *la fraction*

$$\frac{\lambda F'(x)}{F(x)},$$

où λ *est un facteur constant, jouit de cette propriété importante : si dans le développement correspondant*

$$\varphi(x) = \sum_{k=0}^{k=m} \left[\lambda q_{k+1} D_k(x) \sum_{i=0}^{i=m} D_k(x_i)\varphi(x_i) \right], \tag{4}$$

on ne prend que les premiers termes, en nombre d'ailleurs quelconque $p+1$, *on obtient une valeur approchée de* $\varphi(x)$

$$\lambda q_1 \sum_{i=0}^{i=m} \varphi(x_i) + \lambda q_2 D_1(x) \sum_{i=0}^{i=m} D_1(x_i)\varphi(x_i) + \ldots$$
$$+ \lambda q_{p+1} D_p(x) \sum_{i=0}^{i=m} D_p(x_i)\varphi(x_i),$$

avec les coefficients indiqués par la méthode des moindres carrés, dans l'hypothèse où les valeurs données de

$$\varphi(x_0),\quad \varphi(x_1),\ldots,\quad \varphi(x_m)$$

sont également précises; en d'autres termes, cette valeur est, de tous les polynômes z entiers et rationnels du même degré, celui qui rend minimum la somme des carrés des erreurs

$$\sum_{i=0}^{i=m}[\varphi(x_i)-z_i]^2.$$

3. Pour $\lambda=1$, c'est-à-dire dans le cas de la fraction

$$\frac{F'(x)}{F(x)}=\sum_i\frac{1}{x-x_i},$$

on a la formule

$$\varphi(x)=\sum_{k=0}^{k=m}\left[q_{k+1}D_k(x)\sum_{i=0}^{i=m}D_k(x_i)\,\varphi(x_i)\right] \tag{5}$$

qui avait été indiquée à priori et sans démonstration par M. Tchebichef dans une Note lue à l'Académie de Saint-Pétersbourg et insérée dans le tome LIII du *Journal de Crelle* (*).

4. Enfin, en adoptant pour

$$x_0,\quad x_1,\quad x_2,\ldots,\quad x_i,\ldots,\quad x_m$$

des nombres croissants par degrés égaux et insensibles $\frac{2}{m}$, depuis -1 jusqu'à $+1$, *on trouve comme cas particulier de la formule* (4) *le développement connu*

$$\varphi(x)=\sum_{n=0}^{n=\infty}\frac{1}{2}(2n+1)X_n\int_{-1}^{+1}\varphi(x')X'_n\,dx', \tag{6}$$

(*) J'ai appris depuis, par M. Liouville, que M. Tchebichef avait publié sa démonstration en russe. M. Bienaymé traduit le Mémoire en ce moment.

suivant les fonctions X_n *de Legendre.* Ces fonctions s'introduisent ici par la réduction en fraction continue de l'expression

$$\text{limite de } \frac{\frac{1}{m} F'(x)}{F(x)} = \lim \sum_i \frac{1}{m} \frac{1}{x - x_i} = \frac{1}{2} \log \frac{x+1}{x-1},$$

que l'on peut mettre sous la forme remarquable

$$\frac{1}{2} \log \frac{x+1}{x-1} = \frac{1}{X_1} + \frac{1}{2 X_1 X_2} + \frac{1}{3 X_2 X_3} + \ldots + \frac{1}{(n+1) X_n X_{n+1}} + \ldots.$$

Il résulte d'ailleurs de la proposition énoncée au n° **2**, que *la somme des* $p+1$ *premiers termes du développement* (6) *est, parmi toutes les fonctions entières* z *du même degré* p, *celle qui rend minimum la valeur moyenne*

$$\int_{-1}^{+1} [\varphi(x) - z]^2 \, dx$$

de l'erreur $\varphi(x) - z$ *prise depuis* $x = -1$ *jusqu'à* $x = +1$; propriété qu'on peut d'ailleurs démontrer directement, comme l'a fait M. Plarr dans une Note présentée à l'Académie des Sciences le 11 mai 1857.

5. Tels sont les principaux résultats démontrés dans cette thèse, où l'on trouvera en outre une étude de fraction continue (2), les propriétés les plus importantes de la série de quatre éléments

$$1 + \frac{\alpha.6}{1.\gamma} t + \frac{\alpha(\alpha+1).6(6+1)}{1.2.\gamma.(\gamma+1)} t^2 + \frac{\alpha(\alpha+1)(\alpha+2)6(6+1)(6+2)}{1.2.3.\gamma.(\gamma+1).(\gamma+2)} t^3 + \ldots,$$

considerée par Gauss dans le IIe volume des *Mémoires de Gottingue,* et enfin un procédé nouveau et général de recherche des propriétés des fonctions X_n. Pour plus de clarté, je diviserai ce travail en cinq paragraphes dont voici les titres :

I. *Réduction d'une fraction rationnelle en fraction continue.*

II. *Représentation d'une fonction entière et du degré m par un polynôme du même degré ordonné suivant les dénominateurs des réduites d'une fraction continue.*

III. *Étude d'une série de quatre éléments, d'après Gauss.*

IV. *Réduction de*

$$\log \frac{x+1}{x-1}$$

en fraction continue.

V. *Développement suivant les fonctions* X_n.

I.

Réduction d'une fraction rationnelle en fraction continue.

6. LEMME. — *Si, en conservant les notations du* n° 1, *on pose*

$$P_0 x_0^\mu + P_1 x_1^\mu + \ldots + P_m x_m^\mu = \sum_i P_i x_i^\mu = S_\mu,$$

$$\Delta_k = \begin{vmatrix} S_0 \, S_1 \ldots\ldots S_\omega \\ S_1 \, S_2 \ldots\ldots S_{\omega+1} \\ \ldots\ldots\ldots\ldots \\ S_\omega \, S_{\omega+1} \ldots S_{2\omega} \end{vmatrix},$$

le polynôme du degré $\omega = e + k$

$$T_k(x) = \begin{vmatrix} S_0 & S_1 \ldots S_\omega \\ S_1 & S_2 \ldots S_{\omega+1} \\ \ldots & \ldots\ldots\ldots \\ S_{\omega-1} & S_\omega \ldots S_{2\omega-1} \\ 1 & x \ldots x^\omega \end{vmatrix}$$

satisfait aux relations

$$\sum_i P_i x_i^\omega T_k(x_i) = \Delta_k,$$

$$\sum_i P_i x_i^{\omega-\varepsilon} T_k(x_i) = 0,$$

où ε *désigne l'un quelconque des nombres* 1, 2, 3,..., ω.

En effet, en développant, par rapport à la dernière ligne, le déterminant $T_k(x)$, on a

$$T_k(x) = \frac{d\Delta_k}{dS_\omega} + x\frac{d\Delta_k}{dS_{\omega+1}} + x^2\frac{d\Delta_k}{dS_{\omega+2}} + \ldots + x^\omega \frac{d\Delta_k}{dS_{2\omega}};$$

d'où, en remplaçant x par x_i, multipliant par $P_i x_i^\mu$ et sommant,

$$\sum_i P_i x_i^\mu T_k(x_i) = S_\mu \frac{d\Delta_k}{dS_\omega} + S_{\mu+1} \frac{d\Delta_k}{dS_{\omega+1}} + S_{\mu+2} \frac{d\Delta_k}{dS_{\omega+2}} + \ldots + S_{\mu+\omega} \frac{d\Delta_k}{dS_{2\omega}},$$

ou enfin, en recomposant le déterminant,

$$\sum_i P_i x_i^\mu T_k(x_i) = \begin{vmatrix} S_0 & S_1 & \ldots & S_\omega \\ S_1 & S_2 & \ldots & S_{\omega+1} \\ \ldots & \ldots & \ldots & \ldots \\ S_{\omega-1} & S_\omega & \ldots & S_{2\omega-1} \\ S_\mu & S_{\mu+1} & \ldots & S_{\mu+\omega} \end{vmatrix}$$

Pour $\mu = \omega$, cette égalité devient

$$\sum_i P_i x_i^\omega T_k(x_i) = \Delta_k.$$

Pour μ inférieur à ω et égal à $\omega - \varepsilon$, le déterminant qui précède contient deux fois la ligne

$$S_\mu, \quad S_{\mu+1}, \ldots, \quad S_{\mu+\omega};$$

il est donc nul, et l'on a

$$\sum_i P_i x_i^{\omega-\varepsilon} T_k(x_i) = 0.$$

Ce qu'il fallait démontrer.

7. Théorème I. — *Les fonctions*

$$F(x), \quad f(x), \quad N_k(x), \quad D_k(x), \quad R_k(x),$$

définies au n° 1, sont unies par la relation

$$R_k = f.D_k - F.N_k. \tag{7}$$

En effet, les équations (1) peuvent s'écrire

$$R_1 = f.Q_1 - F,$$
$$R_k = R_{k-1} Q_k - R_{k-2}.$$

On vérifie d'abord, sans difficulté, la loi (7) pour $k=1$ et $k=2$. Il reste donc à prouver que la loi est générale, c'est-à-dire que si l'on a

$$R_{k-2}=f.D_{k-2}-F.N_{k-2},$$
$$R_{k-1}=f.D_{k-1}-F.N_{k-1},$$

on aura encore

$$R_k=f.D_k-F.N_k.$$

Or, en substituant ces valeurs de R_{k-2}, R_{k-1} dans

$$R_k=R_{k-1}Q_k-R_{k-2},$$

on trouve

$$R_k=f.[D_{k-1}Q_k-D_{k-2}]-F.[N_{k-1}Q_k-N_{k-2}],$$

relation qui ne diffère pas de (7), puisque, d'après la loi de formation des réduites, on a

$$D_k=D_{k-1}.Q_k-D_{k-2},$$
$$N_k=N_{k-1}.Q_k-N_{k-2}.$$

8. *Corollaire.* — Pour $x=x_i$, $F(x)$ s'annule, et la relation (7) se réduit à

$$(8)\qquad R_k(x_i)=f(x_i)D_k(x_i),$$

formule importante qui nous sera souvent utile.

9. Théorème II. — *Les polynômes* $D_k(x)$, $T_k(x)$ *ne diffèrent que par un facteur constant, et l'on a*

$$(9)\qquad D_k(x)=\frac{1}{A}\frac{r_k}{\Delta_k}T_k(x).$$

En effet, un théorème bien connu de la théorie des fractions rationnelles donne

$$\sum_i\frac{R_k(x_i)}{F'(x_i)}=0,\qquad \sum_i x_i\frac{R_k(x_i)}{F'(x_i)}=0,$$
$$\sum_i x_i^2\frac{R_k(x_i)}{F'(x_i)}=0,\ldots,\qquad \sum_i x_i^{\omega}\frac{R_k(x_i)}{F'(x_i)}=\frac{r_k}{A},$$

ou, à cause de la relation (8),

$$\sum_i \mathrm{P}_i \mathrm{D}_k(x_i) = 0, \qquad \sum_i \mathrm{P}_i x_i \mathrm{D}_k(x_i) = 0,$$

$$\sum_i \mathrm{P}_i x_i^2 \mathrm{D}_x(x_i) = 0, \ldots, \quad \sum_i \mathrm{P}_i x_i^\omega \mathrm{D}_k(x_i) = \frac{r_k}{\mathrm{A}}.$$

Ces $\omega + 1$ relations suffisent pour détermier $\mathrm{D}_k(x)$ qui est du degré ω; et l'on pourrait, à l'exemple de M. Sylvester (*On a theory of the sysigetic, etc...*), écrire le polynôme $\mathrm{D}_k(x)$ avec $\omega + 1$ coefficients indéterminés, exprimer qu'il satisfait aux équations précédentes, et calculer ces coefficients à l'aide des $\omega + 1$ équations linéaires ainsi trouvées.

On arrive d'une façon plus élégante et plus rapide, en observant que le polynôme $\mathrm{T}_k(x)$ du degré ω satisfait, en vertu du lemme du n° **6**, aux conditions analogues

$$\sum_i \mathrm{P}_i \mathrm{T}_k(x_i) = 0, \qquad \sum_i \mathrm{P}_i x_i \mathrm{T}_k(x_i) = 0,$$

$$\sum_i \mathrm{P}_i x_i^2 \mathrm{T}_k(x_i) = 0, \ldots, \quad \sum_i \mathrm{P}_i x_i^\omega \mathrm{T}_k(x_i) = \Delta_k.$$

$\mathrm{D}_k(x)$ est donc le produit de $\mathrm{T}_k(x)$ par un facteur constant que la comparaison des deux dernières équations des deux groupes précédents montre être égal à

$$\frac{1}{\mathrm{A}} \frac{r_k}{\Delta_k}.$$

Ce qu'il fallait démontrer.

10. *Corollaire.* — On a, par conséquent,

$$\mathrm{D}_k(x) = \frac{1}{\mathrm{A}} r_k \frac{\Delta_{k-1}}{\Delta_k} x^\omega + \ldots. \tag{10}$$

11. Théorème III. — *Les nombres q, r, Δ sont unis par la relation*

$$q_{k+1} = \frac{\mathrm{A}^2}{r_k^2} \cdot \frac{\Delta_k}{\Delta_{k-1}}. \tag{11}$$

En effet, la formule (7) donne

$$\mathrm{R}_k = f.\mathrm{D}_k - \mathrm{F}.\mathrm{N}_k,$$
$$\mathrm{R}_{k-1} = f.\mathrm{D}_{k-1} - \mathrm{F}.\mathrm{N}_{k-1}.$$

On déduit de là

$$\mathrm{R}_{k-1}.\mathrm{D}_k - \mathrm{R}_k.\mathrm{D}_{k-1} = \mathrm{F}.(\mathrm{N}_k.\mathrm{D}_{k-1} - \mathrm{N}_{k-1}.\mathrm{D}_k),$$

ou, en observant que le numérateur de la différence de deux réduites consécutives est toujours égal à $+1$,

$$R_{k-1}D_k - R_k . D_{k-1} = F.$$

Dès lors si l'on remplace D_k et D_{k-1} par leurs valeurs tirées de la formule (10) et qu'on égale les coefficients de la plus haute puissance de x, qui est ici x^{m+1}, on trouve

$$\frac{1}{A} r_k r_{k-1} \frac{\Delta_{k-1}}{\Delta_k} = A;$$

et il suffit de comparer cette égalité avec la suivante

$$q_{k+1} = \frac{r_{k-1}}{r_k} = \frac{r_k . r_{k-1}}{r_k^2}$$

(qui résulte de ce que Q_{k+1} est le quotient de R_{k+1} par R_k), pour avoir la formule (11).

12. En particulier, pour Q_1, qui est le quotient de F par f, on a

$$q_1 = \frac{A}{a}. \tag{12}$$

13. Théorème IV. — *Si l'on désigne par h et k deux nombres entiers différents choisis parmi* 1, 2, 3,..., m, *on a*

$$\sum_i P_i D_k^2(x_i) = \frac{1}{q_{k+1}}, \tag{13}$$

$$\sum_i P_i D_h(x_i) D_k(x_i) = 0. \tag{14}$$

En effet, en supposant que h soit le plus petit des deux nombres h et k, et ayant égard aux valeurs

$$D_k(x) = \frac{1}{A} r_k \frac{\Delta_{k-1}}{\Delta_k} x^{\omega} + \ldots,$$

$$R_k(x) = r_k x^{n-k} + \ldots,$$

on a, par un théorème déjà cité de la théorie des fractions rationnelles,

$$\sum_i D_k(x_i) \frac{R_k(x_i)}{F'(x_i)} = \frac{1}{A^2} r_k^2 \frac{\Delta_{k-1}}{\Delta_k},$$

$$\sum_i D_h(x_i) \frac{R_k(x_i)}{F'(x_i)} = 0,$$

formules qui, en vertu des relations (8) et (11)

(8) $$R_k(x_i) = f(x_i)\, D_k(x_i),$$

(11) $$q_{k+1} = \frac{A^2}{r_k^2} \frac{\Delta_k}{\Delta_{k-1}},$$

prennent les formes (13) et (14).

14. *Remarque.* — L'égalité (14) subsiste pour $h = 0$, puisque $D_0(x)$ est par définition égal à 1 ; elle se réduit, en effet, à la formule

$$\sum_i P_i D_k(x_i) = 0,$$

démontrée au nº **9**.

Quant à la relation (13), pour $k = 0$, son premier membre devient

$$\sum_i \frac{f(x_i)}{F'(x_i)}.$$

Il est donc nul tant que n est inférieur à m, et égal à $\frac{a}{A}$ pour $n = m$, c'est-à-dire pour $e = 0$. Donc, dans l'hypothèse $k = 0$, la formule (13) subsiste pour $n = m$, et lorsque n est moindre que m, son second membre doit être remplacé par zéro.

II.

Représentation d'une fonction entière par un polynôme ordonné suivant les dénominateurs des réduites d'une fraction continue.

15. Soit $\varphi(x)$ une fonction entière, du degré m, dont on connaît les $m+1$ valeurs

$$\varphi(x_0), \quad \varphi(x_1), \ldots, \quad \varphi(x_i) \ldots, \quad \varphi(x_m)$$

pour

$$x = x_0, \quad x_1, \ldots, \quad x_i, \ldots, \quad x_m.$$

Considérons le polynôme du degré m [car $D_n(x)$ est du degré $e + n = m - n + n = m$],

$$y = u_0 D_0(x) + u_1 D_1(x) + \ldots + u_n D_n(x),$$

où $u_0, u_1, \ldots, u_n$ sont des coefficients numériques indéterminés. Désignons par y_i la valeur de ce polynôme pour $x = x_i$; et proposons-nous de déterminer ses $m+1$ coefficients $u_0, u_1, \ldots, u_n$, par les $m+1$ conditions

$$y_0 = \varphi(x_0), \quad y_1 = \varphi(x_1), \ldots, \quad y_m = \varphi(x_m).$$

Il y a deux cas à distinguer, suivant que n est égal ou inférieur à m.

16. *Premier cas* ($n = m$). — Le polynôme proposé est alors

$$y = u_0 D_0(x) + u_1 D_1(x) + \ldots + u_m D_m(x);$$

si l'on ajoute les équations

$$y_0 = \varphi(x_0), \quad y_1 = \varphi(x_1), \ldots, \quad y_m = \varphi(x_m),$$

après les avoir multipliées respectivement par

$$P_0 D_k(x_0), \quad P_1 D_k(x_1), \ldots, \quad P_m D_k(x_m),$$

le second membre de la somme sera

$$\sum_i P_i D_k(x_i) \varphi(x_i),$$

et le multiplicateur de l'inconnue $u_{k'}$ aura pour expression

$$\sum_i P_i D_k(x_i) D_{k'}(x_i);$$

ce multiplicateur est donc nul, en vertu de la formule (14), tant que k et k' diffèrent, et il se réduit à

$$\frac{1}{q_{k+1}},$$

en vertu de la formule (13), pour $k' = k$. Il n'y a pas même exception pour $k = 0$, car on sait (n° **14**) que les deux formules (13) et (14) subsistent dans le cas où n est égal à m.

On a donc

$$\frac{1}{q_{k+1}} u_k = \sum_i P_i D_k(x_i) . \varphi(x_i),$$

et, par suite,

$$y = q_1 D_0(x) \sum_i P_i D_0(x_i) \varphi(x_i) + q_2 D_1(x) \sum_i P_i D_1(x_i) \varphi(x_i) + \ldots$$
$$+ q_{m+1} D_m(x) \sum_i P_i D_m(x_i) \varphi(x_i),$$

ou

$$y = \sum_{k=0}^{k=m} \left[q_{k+1} D_k(x) \sum_{i=0}^{i=m} P_i D_k(x_i) \varphi(x_i) \right].$$

Dès lors les deux fonctions entières et du degré m, y et $\varphi(x)$, étant égales pour les $m+1$ valeurs $x_0, x_1, \ldots, x_m$, de la variable x, sont identiques, et l'on a

$$(3) \qquad \varphi(x) = \sum_{k=0}^{k=m} \left[q_{k+1} D_k(x) \sum_{i=0}^{i=m} P_i D_k(x_i) \varphi(x_i) \right].$$

17. *Deuxième cas* ($n < m$). — Lorsque n est inférieur à m, on a, pour déterminer les coefficients $u_0, u_1, \ldots, u_n$ du polynôme

$$(15) \qquad y = u_0 D_0(x) + u_1 D_1(x) + \ldots + u_n D_n(x),$$

le système linéaire surabondant

$$\left\{ \begin{array}{l} u_0 D_0(x_0) + u_1 D_1(x_0) + \ldots + u_n D_n(x_0) = \varphi(x_0), \\ u_0 D_0(x_1) + u_1 D_1(x_1) + \ldots + u_n D_n(x_1) = \varphi(x_1), \\ \ldots\ldots\ldots\ldots\ldots\ldots\ldots\ldots\ldots\ldots \\ u_0 D_0(x_m) + u_1 D_1(x_m) + \ldots + u_n D_n(x_m) = \varphi(x_m); \end{array} \right.$$

en sorte qu'il est impossible d'établir l'identité des fonctions y et $\varphi(x)$.

Traitons dès lors ce système par la *méthode des moindres carrés,* en supposant aux valeurs données de

$$\varphi(x_0), \quad \varphi(x_1), \ldots, \quad \varphi(x_m),$$

le même degré de précision; en d'autres termes, déterminons $u_0, u_1, \ldots, u_n$ par la condition que la fonction

$$(16) \quad \Omega = \sum_{i=0}^{i=m} [\varphi(x_i) - u_0 D_0(x_i) - u_1 D_1(x_i) - \ldots - u_n D_n(x_i)]$$

qui exprime la somme des carrés des erreurs, soit minimum. En portant ensuite les valeurs de $u_0, u_1, \ldots, u_n$ ainsi trouvées dans la formule (15), nous obtiendrons la plus plausible des valeurs approchées de $\varphi(x)$.

Pour que Ω soit minimum, il faut qu'on ait

$$(17) \qquad \frac{1}{2}\frac{d\Omega}{du_0} = 0, \quad \frac{1}{2}\frac{d\Omega}{du_1} = 0, \ldots, \quad \frac{1}{2}\frac{d\Omega}{du_n} = 0.$$

Or Ω est de la forme

$$\sum_{i=0}^{i=m} \left\{ u_k^2 D_k^2(x_i) + 2u_k D_k(x_i) \left[\sum_{k'} u_{k'} D_{k'}(x_i) - \varphi(x_i) \right] + L \right\},$$

où k' est l'un quelconque des nombres $0, 1, 2, \ldots, k-1, k+1, \ldots, n$, et L la partie de la parenthèse indépendante de u_k.

On a donc

$$\frac{1}{2}\frac{d\Omega}{du_k} = u_k \sum_i D_k^2(x_i) + \sum_{k'} u_{k'} \sum_i D_k(x_i) D_{k'}(x_i) - \sum_i D_k(x_i)\varphi(x_i),$$

ou

$$\frac{1}{2}\frac{d\Omega}{du_k} = u_k \delta_k^{(k)} + \sum_{k'} u_{k'} \delta_k^{(k')} - \pi_k,$$

en posant, pour plus de facilité,

$$(18) \qquad \left\{ \begin{aligned} &\sum_i D_k(x_i) . D_{k'}(x_i) = \delta_k^{(k')}, \\ &\sum_i D_k(x_i)\varphi(x_i) = \pi_k. \end{aligned} \right.$$

Les conditions (17) reviennent donc au système linéaire,

$$\begin{aligned} u_0 \delta_0^{(0)} + u_1 \delta_0^{(1)} + \ldots + u_n \delta_0^{(n)} &= \pi_0, \\ u_0 \delta_1^{(0)} + u_1 \delta_1^{(1)} + \ldots + u_n \delta_1^{(n)} &= \pi_1, \\ \ldots\ldots\ldots\ldots\ldots\ldots\ldots\ldots \\ u_0 \delta_n^{(0)} + u_1 \delta_n^{(1)} + \ldots + u_n \delta_n^{(n)} &= \pi_n, \end{aligned}$$

d'où l'on déduit :

$$(19) \qquad \begin{vmatrix} \delta_0^{(0)} & \delta_0^{(1)} & \ldots & \delta_0^{(k)} & \ldots & \delta_0^{(n)} \\ \delta_1^{(0)} & \delta_1^{(1)} & \ldots & \delta_1^{(k)} & \ldots & \delta_1^{(n)} \\ \ldots & \ldots & \ldots & \ldots & \ldots & \ldots \\ \delta_n^{(0)} & \delta_n^{(1)} & \ldots & \delta_n^{(k)} & \ldots & \delta_n^{(n)} \end{vmatrix} \times u_k = \begin{vmatrix} \delta_0^{(0)} & \delta_0^{(1)} & \ldots & \pi_0 & \ldots & \delta_0^{(n)} \\ \delta_1^{(0)} & \delta_1^{(1)} & \ldots & \pi_1 & \ldots & \delta_1^{(n)} \\ \ldots & \ldots & \ldots & \ldots & \ldots & \ldots \\ \delta_n^{(0)} & \delta_n^{(1)} & \ldots & \pi_n & \ldots & \delta_n^{(n)} \end{vmatrix}.$$

18. *Retour au premier cas* ($n = m$). — Revenons actuellement au premier cas, et reprenons le polynôme

$$y = u_0 D_0(x) + u_1 D_1(x) + \ldots + u_m D_m(x), \tag{20}$$

dans lequel on a

$$u_k = q_{k+1} \sum_i P_i D_k(x_i) \varphi(x_i). \tag{21}$$

En se bornant aux $p+1$ premiers termes, on obtient un nouveau polynôme

$$u_0 D_0(x) + u_1 D_1(x) + \ldots + u_p D_p(x),$$

du degré p (puisque $e = m - n = 0$) et dont les coefficients $u_0, u_1, \ldots, u_p$ renferment toutes les $m+1$ valeurs données

$$\varphi(x_0), \quad \varphi(x_1), \ldots, \quad \varphi(x_m).$$

Ce polynôme est une valeur approchée de $\varphi(x)$; mais les coefficients de cette valeur approchée ne satisfont pas à la *loi des moindres carrés;* en d'autres termes, cette valeur n'est pas de tous les polynômes z entiers et rationnels du même degré celui qui rend minimum la somme des carrés des erreurs

$$\sum_i [\varphi(x_i) - z_i]^2.$$

Il faudrait, pour cela, qu'on eût

$$q_{k+1} \sum_i P_i D_k(x_i) \varphi(x_i) = \frac{\begin{vmatrix} \delta_0^{(0)} & \delta_0^{(1)} & \ldots & \pi_0 & \ldots & \delta_0^{(p)} \\ \delta_1^{(0)} & \delta_1^{(1)} & \ldots & \pi_1 & \ldots & \delta_1^{(p)} \\ \ldots & \ldots & \ldots & \ldots & \ldots & \ldots \\ \delta_p^{(0)} & \delta_p^{(1)} & \ldots & \pi_p & \ldots & \delta_p^{(p)} \end{vmatrix}}{\begin{vmatrix} \delta_0^{(0)} & \delta_0^{(1)} & \ldots & \delta_0^{(k)} & \ldots & \delta_0^{(p)} \\ \delta_1^{(0)} & \delta_1^{(1)} & \ldots & \delta_1^{(k)} & \ldots & \delta_1^{(p)} \\ \ldots & \ldots & \ldots & \ldots & \ldots & \ldots \\ \delta_p^{(0)} & \delta_p^{(1)} & \ldots & \delta_p^{(k)} & \ldots & \delta_p^{(p)} \end{vmatrix}}; \tag{22}$$

comme on le voit, sans nouveaux calculs, en comparant les formules (19) et (21), et observant que tout polynôme z entier et rationnel du degré p peut, par un choix convenable des coefficients $v_0, v_1, \ldots, v_p$, être mis sous la forme

$$z = v_0 \mathrm{D}_0(x) + \ldots + v_p \mathrm{D}_p(x).$$

Or c'est ce qui arrive lorsqu'on prend

$$f(x) = \lambda \mathrm{F}'(x),$$

λ étant un facteur constant, c'est-à-dire lorsque l'on considère la fraction continue qui provient de la fraction rationnelle

$$\frac{\lambda \mathrm{F}'(x)}{\mathrm{F}(x)}.$$

En effet, on a, dans ce cas (n° **1**),

$$\mathrm{P}_i = \lambda,$$

et, par suite (n^os^ **13** et **17**),

$$\delta_k^{(k')} = 0;$$

en sorte que la condition (22) se réduit à

$$\lambda . q_{k+1} . \pi_k = \frac{\begin{vmatrix} \delta_0^{(0)} & 0 & 0 \ldots & \pi_0 & \ldots 0 \\ 0 & \delta_1^{(1)} & 0 \ldots & \pi_1 & \ldots 0 \\ 0 & 0 & \delta_2^{(2)} \ldots & \pi_2 & \ldots 0 \\ \ldots & \ldots & \ldots & \ldots & \ldots \\ 0 & 0 & 0 \ldots & \pi_p & \ldots \delta_p^{(p)} \end{vmatrix}}{\begin{vmatrix} \delta_0^{(0)} & 0 & 0 \ldots & 0 & \ldots 0 \\ 0 & \delta_1^{(1)} & 0 \ldots & 0 & \ldots 0 \\ 0 & 0 & \delta_2^{(2)} \ldots & 0 & \ldots 0 \\ \ldots & \ldots & \ldots & \ldots & \ldots \\ 0 & 0 & 0 \ldots & 0 & \ldots \delta_{(p)}^{(p)} \end{vmatrix}},$$

ou, en vertu des propriétés les plus simples des determinants,

$$\lambda q_{k+1} \pi_k = \frac{\delta_0^{(0)} \delta_1^{(1)} \ldots \delta_{k-1}^{(k-1)} \delta_{k+1}^{(k+1)} \ldots \delta_p^{(p)} . \pi_k}{\delta_0^{(0)} \delta_1^{(1)} \ldots \delta_p^{(p)}} = \frac{\pi_k}{\delta_k^{(k)}},$$

qui est identique, puisque (nos **13** et **17**)

$$\delta_k^{(k)} = \frac{1}{\lambda q_{k+1}}.$$

Le coefficient général est alors

$$\lambda q_{k+1} \pi_k \qquad \text{ou} \qquad \lambda q_{k+1} \sum_i \mathrm{D}_k(x_i)\,\varphi(x_i)$$

et l'on peut énoncer ce double théorème :

1°. *Si l'on réduit la fraction rationnelle*

$$\sum_{i=0}^{i=m} \frac{\lambda}{x - x_i},$$

où λ *désigne un facteur constant en une fraction continue de la forme*

$$\cfrac{1}{Q_1 - \cfrac{1}{Q_2 - \cfrac{1}{Q_3 - \cdots - \cfrac{1}{Q_{m+1}}}}},$$

et si l'on désigne par q_k *le coefficient de* x *dans le quotient linéaire* Q_k *et par* $\mathrm{D}_k(x)$ *le dénominateur de la réduite de rang* k, *toute fonction entière, du degré* m, $\varphi(x)$, *dont on connaît les* $m+1$ *valeurs*

$$\varphi(x_0), \quad \varphi(x_1), \ldots, \quad \varphi(x_m),$$

pourra être représentée par la formule

$$(4) \qquad \varphi(x) = \sum_{k=0}^{k=m} \left[\lambda q_{k+1}\, \mathrm{D}_k(x) \sum_{i=0}^{i=m} \mathrm{D}_k(x_i)\,\varphi(x_i) \right].$$

2°. *Si, dans le second membre de cette formule, on ne prend que les premiers termes, en nombre d'ailleurs quelconque* $p+1$, *on obtient une valeur approchée de* $\varphi(x)$ *sous la forme d'un polynôme du degré* p *avec les coefficients indiqués par la méthode des moindres carrés, dans l'hypothèse où les valeurs données de*

$$\varphi(x_0),\quad \varphi(x_1),\ldots,\quad \varphi(x_m)$$

sont également précises.

19. Voici d'ailleurs une démonstration directe et fort simple de cette propriété précieuse dont jouit la formule précédente :

Laissons à u_k sa signification

$$u_k = \lambda q_{k+1} \sum_i \mathrm{D}_k(x_i)\,\varphi(x_i),$$

et posons

$$\begin{aligned} \mathrm{U}_i &= u_0 \mathrm{D}_0(x_i) + u_1 \mathrm{D}_1(x_i) + \ldots + u_p \mathrm{D}_p(x_i) - \varphi(x_i), \\ \mathrm{V}_i &= v_0 \mathrm{D}_0(x_i) + v_1 \mathrm{D}_1(x_i) + \ldots + v_p \mathrm{D}_p(x_i) - \varphi(x_i), \end{aligned}$$

où $v_0, v_1, \ldots, v_p$, sont indéterminés. L'expression

$$\begin{aligned} \sum_i (\mathrm{V}_i - \mathrm{U}_i).\mathrm{U}_i = &\sum_k u_k (v_k - u_k) \sum_i \mathrm{D}_k^2(x_i) \\ &+ \sum_{k'} u_{k'} (v_k - u_k) \sum_i \mathrm{D}_k(x_i)\,\mathrm{D}_{k'}(x_i) \\ &- \sum_k (v_k - u_k) \sum_i \mathrm{D}_k(x_i)\,\varphi(x_i) \end{aligned}$$

est identiquement nulle à cause des relations

$$\begin{aligned} &\sum_i \mathrm{D}_k(x_i)\,\mathrm{D}_{k'}(x_i) = 0, \\ &\sum_i \mathrm{D}_k^2(x_i) = \frac{1}{\lambda q_{k+1}}, \\ &\sum_i \mathrm{D}_k(x_i)\,\varphi(x_i) = \frac{u_k}{\lambda q_{k+1}}. \end{aligned}$$

On a donc

$$\sum_i \mathrm{V}_i^2 = \sum_i \mathrm{U}_i^2 + \sum_i (\mathrm{V}_i - \mathrm{U}_i)^2,$$

en sorte que $\sum_i \mathrm{V}_i^2$ est minimum pour $\mathrm{V}_i = \mathrm{U}_i$, c'est-à-dire pour $v_k = u_k$.

20. Enfin, pour $\lambda = 1$, la proposition précédente donne le théorème énoncé par M. Tchebichef ; la fraction rationnelle considérée est alors

$$\frac{\mathrm{F}'(x)}{\mathrm{F}(x)} = \sum_i \frac{1}{x - x_i}.$$

et la formule destinée à représenter $\varphi(x)$ prend la forme

$$(5)\qquad \varphi(x)=\sum_{k=0}^{k=m}\left[q_{k+1}\,\mathrm{D}_k(x)\sum_i \mathrm{D}_k(x_i)\,\varphi(x_i)\right].$$

III.

Étude d'une série de quatre éléments.

21. Gauss a donné dans le volume II des *Mémoires de Gottingue* le développement en fraction continue de l'expression

$$\frac{\mathrm{F}(\alpha,\,\beta+1,\,\gamma+1,\,t)}{\mathrm{F}(\alpha,\,\beta,\,\gamma,\,t)},$$

où $\mathrm{F}(\alpha,\beta,\gamma,t)$ désigne la série

$$(23)\qquad 1+\frac{\alpha.\beta}{1.\gamma}t+\frac{\alpha.(\alpha+1).\beta(\beta+1)}{1.2.\gamma(\gamma+1)}t^2+\frac{\alpha(\alpha+1)(\alpha+2).\beta(\beta+1)(\beta+2)}{1.2.3.\gamma(\gamma+1)(\gamma+2)}t^3+\ldots.$$

Il n'entre pas dans notre plan de faire une étude complète de cette série; aussi, au lieu de suivre pas à pas la marche de Gauss, nous contenterons-nous de l'imiter, de manière à arriver le plus tôt possible, et sans passer par les équations intermédiaires, aux résultats que nous avons en vue.

22. Lorsqu'on substitue aux éléments α, β, γ des valeurs déterminées, la série $\mathrm{F}(\alpha,\beta,\gamma,t)$ devient une fonction d'une seule variable t; le terme de rang p a pour expression

$$\frac{\alpha(\alpha+1)\ldots(\alpha+p-2).\beta(\beta+1)\ldots(\beta+p-2)}{1.2\ldots(p-1).\gamma.(\gamma+1)\ldots(\gamma+p-2)}t^{p-1},$$

en sorte que si $\alpha-1$ ou $\beta-1$ est un nombre entier négatif, la série s'arrête évidemment après le terme de rang $1-\alpha$ ou $1-\beta$: sinon la série est illimitée. Elle représente, dans le premier cas, une fraction algébrique rationnelle; dans le second, une fonction transcendante. D'ailleurs, pour que les termes ne croissent pas indéfiniment, il faut que le troisième élément γ ne soit ni zéro, ni un nombre entier négatif.

Exemple : on a

$$F\left(\frac{1}{2}, 1, \frac{3}{2}, t^2\right) = 1 + \frac{\frac{1}{2}\cdot 1}{1\cdot\frac{3}{2}}t^2 + \frac{\frac{1}{2}\cdot\frac{3}{2}\cdot 1\cdot 2}{1\cdot 2\cdot\frac{3}{2}\cdot\frac{5}{2}}t^4 + \ldots$$

$$+ \frac{\frac{1}{2}\cdot\frac{3}{2}\cdots\frac{2p-1}{2}\cdot 1\cdot 2\ldots p}{1\cdot 2\ldots p\cdot\frac{3}{2}\cdot\frac{5}{2}\cdots\frac{2p+1}{2}}t^{2p} + \ldots,$$

ou

$$F\left(\frac{1}{2}, 1, \frac{3}{2}, t^2\right) = 1 + \frac{1}{3}t^2 + \frac{1}{5}t^4 + \frac{1}{7}t^6 + \ldots + \frac{1}{2p+1}t^{2p} + \ldots$$
$$= \frac{1}{2t}\log\frac{1+t}{1-t},$$

et enfin

$$(24) \qquad \log\frac{1+t}{1-t} = 2tF\left(\frac{1}{2}, 1, \frac{3}{2}, t^2\right).$$

23. Le rapport des coefficients de t dans deux termes consécutifs a pour expression

$$\frac{1 + \frac{\alpha+\beta}{p} + \frac{\alpha\beta}{p^2}}{1 + \frac{\gamma+1}{p} + \frac{\gamma}{p^2}}.$$

Comme il tend vers 1 à mesure que le rang p du terme croît indéfiniment, on voit que, les éléments α, β, γ, une fois fixés, la série pourra être convergente ou divergente, suivant que la variable t sera comprise entre telles ou telles limites. La série sera convergente pour toutes valeurs de t de la forme $a + b\sqrt{-1}$ dont le module $+\sqrt{a^2 + b^2}$ est inférieur à l'unité, et divergente pour toute valeur dont le module surpasse l'unité. Lorsque le module est égal à 1, la convergence ou la divergence dépendent des valeurs particulières de α, β, γ. Nous nous placerons toujours dans le cas de convergence.

24. Il importe de remarquer :

1°. *Qu'on peut intervertir l'ordre des deux premiers éléments* α *et* β, c'est-à-dire qu'on a

$$(25) \qquad F(\alpha, \beta, \gamma, t) = F(\beta, \alpha, \gamma, t).$$

2°. Que *les dérivées de* F *par rapport à la variable t sont des fonctions de même forme que* F ; on a, en effet,

$$\frac{d.F(\alpha, \beta, \gamma, t)}{dt} = \frac{\alpha.\beta}{\gamma} F(\alpha+1, \beta+1, \gamma+1, t).$$

25. Théorème. — *Les trois fonctions*

$$\begin{aligned} F(\alpha, \quad &\beta, \quad \gamma, \quad t) = F, \\ F(\alpha, \quad &\beta+1, \gamma+1, t) = F_1, \\ F(\alpha+1, &\beta+1, \gamma+2, t) = F_2, \end{aligned}$$

satisfont à la relation

$$(26) \qquad F_1 - F = \frac{\alpha(\gamma-\beta)}{\gamma(\gamma+1)} tF_2.$$

Il suffit de montrer que le coefficient d'une même puissance quelconque t^p de la variable t est le même dans les deux membres, ou bien que le coefficient de t^p dans $F_1 - F$ est égal au produit de

$$\frac{\alpha(\gamma-\beta)}{\gamma(\gamma+1)}$$

par le coefficient

$$\frac{(\alpha+1)\ldots(\alpha+p-1).(\beta+1)\ldots(\beta+p-1)}{1.2\ldots(p-1).(\gamma+2)\ldots(\gamma+p)},$$

de t^{p-1} dans F_2.

Or, en désignant ce dernier coefficient par M, on a respectivement

$$M\frac{\alpha(\beta+p)}{p(\gamma+1)}, \quad M\frac{\alpha\beta(\gamma+p)}{p\gamma(\gamma+1)},$$

pour les coefficients de t^p dans F_1 et F, et, par suite,

$$M\frac{\alpha(\gamma-\beta)}{\gamma(\gamma+1)},$$

pour le coefficient de t^p dans $F_1 - F$. Ce qu'il fallait démontrer.

26. Cela établi, si l'on pose

$$(27) \qquad \frac{F(\alpha, \beta+1, \gamma+1, t)}{F(\alpha, \beta, \gamma, t)} = G(\alpha, \beta, \gamma, t),$$

on trouve

$$\frac{F(\alpha+1, 6, \gamma+1, t)}{F(\alpha, 6, \gamma, t)} = \frac{F(6, \alpha+1, \gamma+1, t)}{F(\alpha, 6, \gamma, t)} = G(6, \alpha, \gamma, t),$$

et, par suite, en divisant l'égalité (26) par $F(\alpha, 6+1, \gamma+1, t)$,

$$1 - \frac{1}{G(\alpha, 6, \gamma, t)} = \frac{\alpha(\gamma-6)}{\gamma(\gamma+1)} t.G(6+1, \alpha, \gamma+1, t),$$

ou

$$(28) \qquad G(\alpha, 6, \gamma, t) = \frac{1}{1 - \frac{\alpha(\gamma-6)}{\gamma(\gamma+1)} t.G(6+1, \alpha, \gamma+1, t)}.$$

En appliquant de nouveau cette formule, on a

$$G(6+1, \alpha, \gamma+1, t) = \frac{1}{1 - \frac{(6+1)(\gamma+1-\alpha)}{(\gamma+1)(\gamma+2)} t.G(\alpha+1, 6+1, \gamma+2, t)},$$

et, en continuant ainsi, on obtient pour $G(\alpha, 6, \gamma, t)$ la fraction continue

$$(29) \qquad \frac{F(\alpha, 6+1, \gamma+1, t)}{F(\alpha, 6, \gamma, t)} = \cfrac{1}{1 - \cfrac{a_0 t}{1 - \cfrac{b_0 t}{1 - \cfrac{a_1 t}{1 - \cfrac{b_1 t}{1 - \cfrac{a_2 t}{1 - \cfrac{b_2 t}{1 - \ddots}}}}}}};$$

les quantités $a_0, b_0, a_1, b_1, a_2, b_2, \ldots$ sont d'ailleurs données par les formules

$$(30) \qquad \left\{ \begin{array}{ll} a_0 = \dfrac{\alpha(\gamma-6)}{\gamma(\gamma+1)}, & b_0 = \dfrac{(6+1)(\gamma+1-\alpha)}{(\gamma+1)(\gamma+2)}, \\ a_1 = \dfrac{(\alpha+1)(\gamma+1-6)}{(\gamma+2)(\gamma+3)}, & b_1 = \dfrac{(6+2)(\gamma+2-\alpha)}{(\gamma+3)(\gamma+4)}, \\ a_2 = \dfrac{(\alpha+2)(\gamma+2-6)}{(\gamma+4)(\gamma+5)}, & b_2 = \dfrac{(6+3)(\gamma+3-\alpha)}{(\gamma+5)(\gamma+6)}, \\ \cdots\cdots\cdots & \cdots\cdots\cdots \\ a_p = \dfrac{(\alpha+p)(\gamma+p-6)}{(\gamma+2p)(\gamma+2p+1)}, & b_p = \dfrac{(6+p+1)(\gamma+p+1-\alpha)}{(\gamma+2p+1)(\gamma+2p+2)}, \\ \cdots\cdots\cdots & \cdots\cdots\cdots \end{array} \right.$$

27. La formule (29) offre un cas particulier remarquable ; c'est celui où $\beta = 0$; la fonction $F(\alpha, \beta, \gamma, t)$ est alors l'unité, et en changeant $\gamma - 1$ en γ, on trouve

$$(31)\quad F(\alpha, 1, \gamma, t) = 1 + \frac{\alpha}{\gamma} t + \frac{\alpha(\alpha+1)}{\gamma(\gamma+1)} t^2 + \frac{\alpha(\alpha+1)(\alpha+2)}{\gamma(\gamma+1)(\gamma+2)} t^3 + \ldots$$
$$= \cfrac{1}{1 - \cfrac{a_0 t}{1 - \cfrac{b_0 t}{1 - \cfrac{a_1 t}{1 - \cfrac{b_1 t}{1 - \cfrac{a_2 t}{1 - \cfrac{b_2 t}{1 - \ldots}}}}}}}$$

où a_0, b_0, a_1, b_1, a_2, b_2,..., ont pour expression

$$(32)\quad \left\{ \begin{array}{ll} a_0 = \dfrac{\alpha}{\gamma}, & b_0 = \dfrac{\gamma - \alpha}{\gamma(\gamma+1)}, \\ a_1 = \dfrac{(\alpha+1)\gamma}{(\gamma+1)(\gamma+2)}, & b_1 = \dfrac{2(\gamma+1-\alpha)}{(\gamma+2)(\gamma+3)}, \\ a_2 = \dfrac{(\alpha+2)(\gamma+1)}{(\gamma+3)(\gamma+4)}, & b_2 = \dfrac{3(\gamma+2-\alpha)}{(\gamma+4)(\gamma+5)}, \\ \cdots\cdots\cdots & \cdots\cdots\cdots \\ a_p = \dfrac{(\alpha+p)(\gamma+p-1)}{(\gamma+2p-1)(\gamma+2p)}, & b_p = \dfrac{(p+1)(\gamma+p-\alpha)}{(\gamma+2p)(\gamma+2p+1)}, \\ \cdots\cdots\cdots & \cdots\cdots\cdots \end{array} \right.$$

IV.

Réduction de $\log \frac{x+1}{x-1}$ *en fraction continue.*

28. En partant des principes exposés dans le paragraphe précédent, nous allons montrer que les dénominateurs des réduites de la fraction continue

$$\log \frac{x+1}{x-1} = \cfrac{1}{Q_1 - \cfrac{1}{Q_2 - \cfrac{1}{Q_3 - \ldots}}}$$

ne diffèrent que par un facteur constant des fonctions X_n de Legendre.

Rappelons d'abord la définition de ces fonctions qui avec les fonctions Y_n sont d'un si grand secours dans plusieurs théories importantes, telles que le développement des fonctions, l'attraction des sphéroïdes, etc.

L'expression

$$\left[1 - 2\alpha x + \alpha^2\right]^{-\frac{1}{2}}$$

où x est un nombre compris entre -1 et $+1$, et α un nombre positif moindre que 1, est développable en série convergente ordonnée suivant les puissances entières et positives de α.

On appelle X_n le coefficient

$$(33)\quad X_n = \frac{1.3.5\ldots(2n-1)}{1.2.3\ldots n}\left\{\begin{matrix} x^n - \dfrac{n(n-1)}{2(2n-1)}x^{n-2} \\ + \dfrac{n(n-1)(n-2)(n-3)}{2.4.(2n-1)(2n-3)}x^{n-4} + \ldots \end{matrix}\right\}$$

de α^n dans ce développement.

Les trois fonctions consécutives X_{n+1}, X_n, X_{n-1} satisfont à la relation

$$(34)\qquad (n+1)X_{n+1} - (2n+1)xX_n + nX_{n-1} = 0;$$

et cette relation, unie à

$$X_0 = 1, \qquad X_1 = x,$$

détermine complétement les fonctions X_n, puisqu'elle permet de les former de proche en proche.

29. Énonçons encore une proposition préliminaire sur les fractions continues algébriques :

Soit la fraction continue générale

$$(35)\qquad \psi = \cfrac{v_0}{w_0 - \cfrac{v_1}{w_1 - \cfrac{v_2}{w_2 - \cfrac{v_3}{w_3 - \ldots}}}}$$

si l'on forme les deux séries

$$(36)\quad \begin{cases} V_0 = 0, & W_0 = 1, \\ V_1 = v_1, & W_1 = w_0 W_0, \\ V_2 = w_1 V_1 - v_1 V_0, & W_2 = w_1 W_1 - v_1 W_0, \\ V_3 = w_2 V_2 - v_2 V_1, & W_3 = w_2 W_2 - v_2 W_1, \\ \ldots\ldots\ldots\ldots, & \ldots\ldots\ldots\ldots, \\ V_n = w_{n-1} V_{n-1} - v_{n-1} V_{n-2}, & W_n = w_{n-1} W_{n-1} - v_{n-1} W_{n-2}, \\ \ldots\ldots\ldots\ldots & \ldots\ldots\ldots\ldots \end{cases}$$

on a, en général, pour la loi de formation des réduites,

$$\frac{V_n}{W_n} = \cfrac{v_0}{w_0 - \cfrac{v_1}{w_1 - \cfrac{\ddots}{- \cfrac{v_n}{w_n}}}},$$

$$(37)\qquad V_{n+1} W_n - V_n W_{n+1} = v_0 v_1 v_2 \ldots v_n,$$

ou

$$(38)\qquad \frac{V_{n+1}}{W_{n+1}} - \frac{V_n}{W_n} = \frac{v_0 v_1 v_2 \ldots v_n}{W_n W_{n+1}}.$$

En faisant successivement $n = 0, 1, 2, \ldots, n$ et sommant, on trouve

$$\frac{V_{n+1}}{W_{n+1}} = \frac{v_0}{W_0 W_1} + \frac{v_0 v_1}{W_1 W_2} = \frac{v_0 v_1 v_2}{W_2 W_3} + \ldots + \frac{v_0 v_1 v_2 \ldots v_n}{W_n W_{n+1}},$$

et, par suite, *si la fraction continue* ψ *est convergente, on a en série convergente*

$$(39)\qquad \psi = \frac{v_0}{W_0 W_1} + \frac{v_0 v_1}{W_1 W_2} + \frac{v_0 v_1 v_2}{W_2 W_3} + \ldots.$$

En particulier, pour la fraction

$$(40)\qquad \psi_1 = \cfrac{1}{Q_1 - \cfrac{1}{Q_2 - \cfrac{1}{Q_3 - \ldots}}},$$

dont nous désignerons la réduite de rang n par $\frac{N_n}{D_n}$, on a

$$(41)\qquad N_{n+1} = N_n Q_{n+1} - N_{n-1}, \qquad D_{n+1} = D_n Q_{n+1} - D_{n-1},$$

$$(42)\qquad N_{n+1} D_n - N_n D_{n+1} = 1,$$

$$(43)\qquad \psi_1 = \frac{1}{D_1} + \frac{1}{D_1 D_2} + \frac{1}{D_2 D_3} + \frac{1}{D_3 D_4} + \ldots,$$

et *cette série permettra inversement de développer ψ_1 en fraction continue;* car elle fournira immédiatement les dénominateurs D_1, D_2, D_3,... des réduites successives; puis on aura les quotients Q_1, Q_2, Q_3,... par la seconde des formules (41), qui s'écrit

$$(44)\qquad Q_{n+1} = \frac{D_{n+1} + D_{n-1}}{D_n}.$$

30. Cela posé, la formule (31) donne

$$\frac{1}{2}\log\frac{1+t}{1-t} = t.\mathrm{F}\left(\frac{1}{2}, 1, \frac{3}{2}, t^2\right) = \cfrac{t}{1 - \cfrac{\frac{1}{3}t^2}{1 - \cfrac{\frac{2.2}{3.5}t^2}{1 - \cfrac{\frac{3.3}{5.7}t^2}{1 - \cfrac{\frac{4.4}{7.9}t^2}{1 - \ldots}}}}}$$

d'où, en posant $t = \frac{1}{x}$,

$$(45)\qquad \frac{1}{2}\log\frac{x+1}{x-1} = \cfrac{1}{x - \cfrac{\frac{1}{3}}{x - \cfrac{\frac{2.2}{3.5}}{x - \cfrac{\frac{3.3}{5.7}}{x - \cfrac{\frac{4.4}{7.9}}{x - \cfrac{\frac{5.5}{9.11}}{x - \ldots}}}}}}$$

Ici l'on a (35)

$$w_n = x, \quad v_n = \frac{n.n}{(2n-1)(2n+1)},$$

et, par suite (36),

$$W_0 = 1,$$
$$W_1 = x,$$

$$W_{n+1} = xW_n - \frac{n.n}{(2n-1)(2n+1)} W_{n-1}.$$

Donc, si l'on pose

$$U_n = \frac{1.3.5\ldots(2n-1)}{1.2.3\ldots n} W_n,$$

on aura les relations

$$U_0 = 1, \quad U_1 = x,$$
$$(n+1)\,U_{n+1} - (2n+1)\,x\,U_n + n\,U_{n-1} = 0,$$

qui, d'après les considérations émises au n° **28**, prouvent qu'on a

$$U_n = X_n,$$

et, par suite,

$$(46) \qquad W_n = \frac{1.2.3\ldots n}{1.3.5\ldots(2n-1)} X_n;$$

de là, en vertu de la formule (39), la série remarquable

$$(47) \quad \frac{1}{2}\log\frac{x+1}{x-1} = \frac{1}{X_1} + \frac{1}{2X_1X_2} + \frac{1}{3X_2X_3} + \ldots + \frac{1}{(n+1)X_nX_{n+1}} + \ldots.$$

31. Actuellement, il est aisé de calculer les dénominateurs D_n et les coefficients q_n de x dans les quotients linéaires Q_n de la fraction continue

$$\frac{1}{2}\log\frac{x+1}{x-1} = \cfrac{1}{Q_1 - \cfrac{1}{Q_2 - \cfrac{1}{Q_3 - \cfrac{1}{Q_4 - \ldots}}}}$$

La comparaison des formules (43) et (47) donne

$$D_1 = X_1, \quad D_2 = \frac{1}{2}X_2, \quad D_3 = \frac{1.3}{2}X_3, \quad D_4 = \frac{2.4}{1.3}X_4 \ldots,$$

et, en général,

$$D_n = C_n X_n, \tag{48}$$

C_n étant égal à

$$\frac{2.4.6\ldots n}{1.3.5\ldots(n-1)} \text{ pour } n \text{ pair,}$$

et à

$$\frac{1.3.5\ldots n}{2.4.6\ldots(n-1)} \text{ pour } n \text{ impair.}$$

On déduit de là que le coefficient de x dans le quotient

$$\frac{D_{n+1}}{D_n},$$

dont les deux termes sont respectivement de degrés $n+1$ et n, a pour expression, dans tous les cas, pour n pair comme pour n impair,

$$\frac{2n+1}{C_n^2}.$$

Or la relation (44)

$$Q_{n+1} = \frac{D_{n+1} + D_{n-1}}{D_n}$$

montre que ce coefficient de x est précisément la quantité désignée par q_{n+1}; on a donc la formule

$$q_{n+1} C_n^2 = 2n+1 \tag{49}$$

qui, avec (48), nous sera très-utile dans le paragraphe suivant.

V.

Développement suivant les fonctions X_n.

32. Considérons d'abord la somme

$$\sum_{i=0}^{i=m} \frac{1}{m} \theta(x_i),$$

dans laquelle on donne à x_i les valeurs

$$x_0 = \alpha, \quad x_1 = \alpha + \frac{1}{m}(6 - \alpha), \quad x_2 = \alpha + \frac{2}{m}(6 - \alpha), \ldots,$$
$$\ldots x_i = \alpha + \frac{i}{m}(6 - \alpha), \ldots, \quad x_m = \alpha + \frac{m}{m}(6 - \alpha) = 6,$$

qui croissent par degrés égaux à $\frac{1}{m}(6 - \alpha)$, en sorte qu'on a

$$x_{i+1} - x_i = \frac{1}{m}(6 - \alpha).$$

Cette somme peut s'écrire

$$\frac{1}{6 - \alpha} \sum_i \theta(x_i)(x_{i+1} - x_i),$$

et il résulte de la définition des intégrales définies qu'elle a pour limite

$$\frac{1}{6 - \alpha} \int_\alpha^6 \theta(x)\, dx,$$

lorsque m croît indéfiniment.

33. Cela posé, reprenons la formule (4)

$$(4) \qquad \varphi(x) = \sum_{n=0}^{n=m} \left[\lambda q_{n+1} D_n(x) \sum_i D_n(x_i)\varphi(x_i)\right].$$

Faisons $\lambda = \frac{1}{m}$; en d'autres termes, considérons les quantités q, D, λ, comme se rapportant à la fraction rationnelle

$$(50) \qquad \frac{f(x)}{F(x)} = \frac{\frac{1}{m}F'(x)}{F(x)} = \sum_i \frac{1}{m}\frac{1}{x - x_i}.$$

La formule (4) devient alors

$$(51) \qquad \varphi(x) = \sum_{n=0}^{n=m} \left[q_{n+1} D_n(x) \sum_i \frac{1}{m} D_n(x_i)\varphi(x_i)\right].$$

Faisons croître la variable qui est sous le signe $\sum_i$ et que nous appellerons x', par degrés égaux à $\frac{2}{m}$ depuis -1 jusqu'à $+1$; en d'autres termes, posons

$$x_0 = -1, \quad x_1 = -1 + \frac{2}{m}, \quad x_2 = -1 + 2\frac{2}{m}, \dots, \quad x_m = -1 + m\frac{2}{m} = +1;$$

puis, attribuons à m des valeurs de plus en plus grandes ; nous aurons, à la limite, en vertu des observations du n° **32**,

$$\varphi(x) = \sum_{n=0}^{n=\infty} \frac{1}{2} q_{n+1} D_n(x) \int_{-1}^{+1} D_n(x') \varphi(x') \, dx'.$$

Les quantités q et D se rapportent d'ailleurs à la fraction continue qui provient de la limite de l'expression (50), c'est-à-dire de

$$\frac{1}{2} \int_{-1}^{+1} \frac{1}{x - x'} dx' = \frac{1}{2} \log \frac{x+1}{x-1}.$$

Or on a, dans ce cas, comme on l'a vu au n° **31**,

$$D_n = C_n X_n, \tag{48}$$

$$q_{n+1} C_n^2 = 2n + 1. \tag{49}$$

On trouve donc finalement

$$\varphi(x) = \sum_{n=0}^{n=\infty} \frac{1}{2} (2n+1) X_n \int_{-1}^{+1} X'_n \varphi(x') \, dx'. \tag{6}$$

C'est la formule bien connue par laquelle on développe une fonction d'une variable x (x restant compris entre -1 et $+1$) en série ordonnée suivant les fonctions X_n.

34. L'expression

$$\frac{1}{m} \sum_i [\varphi(x_i) - \xi_i]^2,$$

dans laquelle ξ désigne la somme des p premiers termes de la formule (51), représente la moyenne des carrés des erreurs qui correspondent à la valeur approchée ξ de $\varphi(x)$. Cette expression étant un minimum (n° **18**), et ayant pour limite

$$\frac{1}{2}\int_{-1}^{+1}[\varphi(x)-\xi]^2\,dx$$

pour $m=\infty$, on voit que la formule (6) jouit de cette propriété précieuse:

La somme ξ des $p+1$ premiers termes du développement (6) *est parmi toutes les fonctions z entières et rationnelles de x celle qui rend minimum la valeur moyenne*

$$\int_{-1}^{+1}[\varphi(x)-z]^2\,dx$$

de l'erreur $\varphi(x)-z$ prise depuis $x=-1$ jusqu'à $x=-1$.

35. Pour démontrer cette proposition directement, remarquons que la condition du minimum de

$$\int_{-1}^{+1}[\varphi(x)-z]^2\,dx$$

est

$$0=\int_{-1}^{+1}[\varphi(x)-z]\,dz\,dx.$$

Or quelle que soit la fonction z, on peut, puisqu'elle est entière et de degré p, la mettre sous la forme

$$z=\sum_0^p A_n X_n,$$

en sorte qu'on a

$$dz=\sum_0^p (dA_n)X_n;$$

et comme les variations de A_n sont supposées arbitraires, l'équation du minimum se décompose en $p+1$ équations de la forme

$$(52)\qquad 0=\int_{-1}^{+1}[\varphi(x)-z]\,X_n\,dx.$$

En mettant pour z son expression $\sum_0^p A_n X_n$ et appliquant les théorèmes connus

(53) $$\int_{-1}^{+1} X_n X_{n'} dx = 0,$$

(54) $$\int_{-1}^{+1} X_n^2 dx = \frac{2}{2n+1},$$

les équations (52) deviennent

$$0 = \int_{-1}^{+1} \varphi(x) X_n dx - \frac{2}{2n+1} A_n,$$

ou

$$A_n = \frac{1}{2}(2n+1)\int_{-1}^{+1} \varphi(x) X_n dx;$$

en sorte que la fonction z propre au minimum est

$$\sum_{n=0}^{n=p} \frac{1}{2}(2n+1) X_n \int_{-1}^{+1} \varphi(x) X_n dx$$

c'est-à-dire la somme ξ des $p+1$ premiers termes du développement (6). Ce qu'il fallait démontrer.

36. Les deux propriétés élégantes (53) et (54) sur lesquelles la démonstration qui précède est fondée, et que l'on trouve ordinairement à l'aide de l'intégration par parties, résultent aussi d'une manière directe et fort simple de nos principes.

En effet, relativement à la fraction rationnelle

$$\sum_i \frac{1}{m} \frac{1}{x - x_i},$$

dont la limite est

$$\frac{1}{2} \log \frac{x+1}{x-1},$$

le théorème IV du § I donne

$$\sum \frac{1}{m} D_n^2(x_i) = \frac{1}{q_{n+1}},$$

$$\sum_i \frac{1}{m} D_n(x_i) D_{n'}(x_i) = 0;$$

et lorsqu'on fait croître, comme au n° **33**, x_i d'une manière continue et par degrés égaux de -1 à $+1$, ces relations, eu égard à

$$D_n = C_n X_n,$$
$$q_{n+1} . C_n^2 = 2n + 1,$$

se transforment immédiatement dans les formules (53) et (54).

Il y a même dans ce mode d'opérer, comme on le comprend aisément, un procédé général de recherche des propriétés des fonctions X_n.

Vu et approuvé,
Le 17 juillet 1858,
LE DOYEN DE LA FACULTÉ DES SCIENCES,
MILNE EDWARDS.

Permis d'imprimer,
Le 17 juillet 1858,
LE VICE-RECTEUR DE L'ACADÉMIE DE PARIS,
CAYX.

THÈSE DE MÉCANIQUE.

SUR LES INTÉGRALES COMMUNES A PLUSIEURS PROBLÈMES DE MÉCANIQUE RELATIFS AU MOUVEMENT D'UN POINT SUR UNE SURFACE.

Introduction.

1. Tous les géomètres connaissent les belles recherches de M. Bertrand sur les intégrales communes à plusieurs problèmes de mécanique. Le Mémoire présenté à l'Académie des Sciences le 12 mai 1851, et inséré dans le tome XVII du *Journal* de M. Liouville, renferme trois parties, suivant que le point considéré se meut dans un plan, sur une surface ou dans l'espace indéfini. C'est à la seconde partie que se rapporte mon travail.

M. Bertrand a démontré cette proposition remarquable :

Pour que les équations du mouvement d'un point placé sur une surface aient une intégrale indépendante du temps et commune à plusieurs problèmes, il faut que la surface soit applicable sur une surface de révolution.

Mais les conclusions relatives aux intégrales communes qui dépendent du temps sont loin d'être aussi simples. Il semble qu'on doive considérer deux formes d'intégrales qui imposent à la surface, l'une la condition d'être applicable sur une surface de révolution, l'autre celle d'avoir, par rapport à une série de lignes géodésiques coordonnées et à leurs trajectoires orthogonales, un élément linéaire de la forme

$$ds^2 = adm^2 + bdn^2,$$

où b est une constante et a l'expression compliquée

$$a = \frac{1}{\psi_1(m) + F(n).\psi_2(m)}$$

qui renferme trois fonctions arbitraires.

Je me propose de montrer qu'on peut encore, dans ce second cas relatif aux intégrales qui dépendent du temps, tout réduire à un théorème unique, analogue au précédent, et dont voici l'énoncé :

Pour que les équations du mouvement d'un point placé sur une surface aient une intégrale dépendante du temps et commune à plusieurs problèmes, il faut que le carré de la distance de deux points infiniment voisins, par rapport à une certaine série de lignes géodésiques coordonnées et à leurs trajectoires orthogonales, soit de la forme

$$ds^2 = dr^2 + \frac{d\omega^2}{R - k\omega},$$

où k est une constante et R une fonction de la variable r seule.

Les surfaces pour lesquelles ces conditions sont remplies, ont un degré de généralité qui n'excède pas celui des surfaces de révolution; le mouvement de la génératrice est réglé par des constantes.

Pour que mon travail présente un ensemble complet, je reprendrai entièrement le problème relatif au mouvement d'un point placé sur une surface; il y a peut-être quelque intérêt à retrouver d'une autre manière le premier théorème.

Je diviserai cette étude en cinq paragraphes, dont voici les titres :

1°. *Notions empruntées à la théorie des surfaces;*

2°. *Equations du mouvement;*

3°. *Calculs communs aux deux sortes d'intégrales;*

4°. *Intégrales indépendantes du temps;*

5°. *Intégrales qui dépendent du temps.*

---

2. Avant de commencer, il convient de dire un mot sur la forme des intégrales.

Le temps, ne figurant dans les équations du mouvement que par sa différentielle, doit entrer dans les intégrales ajouté à une constante; par suite, dans les équations qui font connaître en fonction du temps les coordonnées et les composantes de la vitesse du point mobile, l'une des constantes est combinée au temps par voie d'addition; et lorsqu'on résoudra ces équations par rapport aux constantes, en éliminant pour cela toutes les constantes excepté une, le temps ne subsistera que si la constante non éliminée est celle dont il est inséparable. Dans ce dernier cas, en cherchant la valeur de cette contante α, le calcul donnera forcément la valeur de $\alpha + t$. Toutes les intégrales seront donc indépendantes du temps et de la forme

$$\alpha = F,$$

excepté une qui aura pour expression

$$\alpha + t = F,$$

F étant une fonction qui ne contient pas le temps, mais seulement les coordonnées du point et leurs dérivées. Il résulte de là que l'on peut toujours représenter une intégrale quelconque par

$$\alpha = F,$$

en se rappelant que $\frac{d\alpha}{dt}$ est o ou -1.

I.

Notions empruntées à la théorie des surfaces.

3. On peut déterminer la position d'un point sur une surface au moyen de deux séries de lignes tracées sur cette surface. AQ_1 et AQ_2 étant deux lignes, l'une de la première série, l'autre de la seconde, une ligne quelconque P_1M de la deuxième série sera définie par une fonction q_1 de l'arc AP_1 intercepté sur la ligne fixe AQ_1, et une ligne quelconque P_2M de la première série sera définie par une fonction q_2 de l'arc AP_2 intercepté sur AQ_2. Les variables q_1 et q_2, qui peuvent ne pas différer des arcs AP_1 et AP_2 eux-mêmes, seront les *coordonnées curvilignes* du point M.

Pour achever de définir un tel système de coordonnées, il faut fixer encore le sens des q_1 et q_2 positifs. On y parvient aisément par la considération de la *normale extérieure*.

Une surface partage en général l'espace entre deux régions, dont l'une, d'ailleurs arbitrairement choisie, est dite *extérieure*, tandis que l'autre prend le nom d'*intérieure*. Pour tous les points d'une même région, le premier membre de l'équation de la surface a le même signe, et ce signe change quand on passe d'une région à l'autre. On dispose ordinairement du premier membre de l'équation de manière qu'il soit positif pour les points de la région qu'on veut considérer comme extérieure.

Dès lors, si AN est la portion de la normale en A à la surface qui est située dans la région extérieure, on convient de compter les parties positives AQ_1, AQ_2, de telle façon que ces deux directions AQ_1 et AQ_2 et la normale extérieure AN soient respectivement situées par rapport au point A, comme le sont ordinairement les parties positives des trois axes de coordonnées rectilignes, considérées dans l'ordre OX, OY, OZ, par rapport au point O. En d'autres termes, la partie positive AQ_2 est vue à droite de la partie positive AQ_1 par un observateur placé le long de AN, les pieds en A, la tête en N.

4. Cela posé, les coordonnées x, y, z des divers points de la surface, par rapport à trois axes rectangulaires OX, OY, OZ, sont des fonctions des deux coordonnées curvilignes q_1 et q_2; et l'élément linéaire MM'

$$ds^2 = dx^2 + dy^2 + dz^2$$

d'une courbe quelconque C tracée sur la surface s'obtiendra en fonction de q_1 et de q_2 en remplaçant dx, dy, dz respectivement par

$$\frac{dx}{dq_1}dq_1 + \frac{dx}{dq_2}dq_2,$$

$$\frac{dy}{dq_1}dq_1 + \frac{dy}{dq_2}dq_2,$$

$$\frac{dz}{dq_1}dq_1 + \frac{dz}{dq_2}dq_2.$$

On trouve ainsi

$$(1) \qquad ds^2 = \mathrm{E}\,dq_1^2 + 2\,\mathrm{F}\,dq_1\,dq_2 + \mathrm{G}\,dq_2^2.$$

en posant, pour abréger,

$$
(2) \quad \begin{cases} E = \left(\frac{dx}{dq_1}\right)^2 + \left(\frac{dy}{dq_1}\right)^2 + \left(\frac{dz}{dq_1}\right)^2, \\ F = \frac{dx}{dq_1} \cdot \frac{dx}{dq_2} + \frac{dy}{dq_1} \cdot \frac{dy}{dq_2} + \frac{dz}{dq_1} \frac{dz}{dq_2}, \\ G = \left(\frac{dx}{dq_2}\right)^2 + \left(\frac{dy}{dq_2}\right)^2 + \left(\frac{dz}{dq_2}\right). \end{cases}
$$

5. Les fonctions E, F, G ont des valeurs indépendantes de la position du système rectiligne auxiliaire OX, OY, OZ, qui a servi à les obtenir; car l'expression de l'élément ds ne doit pas en dépendre. Elles se prêtent à une interprétation géométrique simple.

Selon que l'on fait varier seulement q_1 ou q_2, l'arc $ds = MM'$ se confond avec l'arc $MM_1 = ds_1$ ou $MM_2 = ds_2$ de l'une des deux lignes coordonnées du point M, et l'on a

$$
(3) \quad ds_1 = \sqrt{E}\, dq_1, \qquad ds_2 = \sqrt{G}\, dq_2.
$$

D'ailleurs, si l'on désigne par θ l'angle des côtés ds_1, ds_2, le parallélogramme infiniment petit $MM_1M'M_2$ donne

$$
ds^2 = ds_1^2 + ds_2^2 + 2\, ds_1\, ds_2 \cos\theta,
$$

ou, à cause des valeurs (1) et (3),

$$
(4) \quad F^2 = EG \cos\theta.
$$

6. Dans le cas de deux systèmes (q_1), (q_2) orthogonaux, on a

$$
(5) \quad \begin{cases} \cos\theta = 0, \quad F = 0, \\ ds^2 = E\, dq_1^2 + G\, dq_2^2. \end{cases}
$$

---

7. Soient : MC, une courbe tracée sur une surface S; MT, la tangente prolongée dans le sens des arcs positifs; MN, la normale extérieure; Mn, la portion de la normale située dans le plan tangent qui est vue à droite de MT par un observateur placé suivant MN, les pieds en M, la tête en N.

M. Liouville a donné le nom de *courbure géodésique* de la courbe MC au point M au rapport

$$\frac{\cos\theta}{\rho},$$

dans lequel ρ est le rayon de courbure de la courbe C en M pris positivement, et θ l'angle, compris entre o et 180 degrés, que la direction Mn forme avec la normale principale MI dirigée vers le centre de courbure.

Ce rapport est complétement déterminé dès que l'on indique : 1° le sens des arcs positifs sur C; 2° la position de la région extérieure. Si l'une de ces deux quantités change de sens, $\cos\theta$ et par suite la courbure géodésique change de signe.

Plus brièvement, θ est l'angle du plan osculateur de la courbe C et du plan tangent à la surface S en M.

Toute courbe a une infinité de courbures géodésiques en un quelconque de ses points M; car on peut mener par cette courbe une infinité de surfaces.

8. *La courbure géodésique d'une courbe* C *en un point quelconque* M *est égale à la courbure ordinaire de la projection* C' *sur le plan tangent en ce point.*

En effet, le trièdre formé par le prolongement M'P de l'élément MM' situé dans le plan tangent, par l'élément suivant M'C et par sa projection M'C', est rectangle suivant M'C'; l'angle dièdre suivant M'P est l'angle θ du plan tangent et du plan osculateur, et les deux faces adjacentes sont les angles de contingence de la courbe MM'C et de sa projection. Donc, en considérant comme plan le triangle sphérique correspondant sur la sphère dont le centre est M' et le rayon 1, on a, après la suppression du facteur commun ds,

$$\frac{1}{\rho'} = \frac{1}{\rho}\cos\theta.$$

Ce qu'il fallait démontrer.

9. Il résulte de là que, *si l'on suppose la surface découpée en rectangles infiniment petits par deux séries de lignes orthogonales* (q_1), (q_2), *on aura* (en projetant sur le plan tangent en M, c'est-à-dire sur les deux éléments MM_1, MM_2, et désignant par ρ_1 le rayon de courbure de la projection de la courbe P_1MM_2),

$$\frac{MM_2}{\rho_1} = \frac{M_1M'}{\rho_1 - MM_1} = \frac{M_1M' - MM_2}{-MM_1},$$

et, par suite,

$$(6) \qquad \frac{1}{\rho_1} = -\frac{M_1M' - MM_2}{MM_1 . MM_2}$$

pour la courbure géodésique de la ligne coordonnée (q_1) *du point* M.

---

10. On nomme *ligne géodésique* d'une surface toute courbe de cette surface qui a une courbure géodésique nulle en chacun de ses points, c'est-à-dire toute courbe dont les plans osculateurs sont normaux à la surface.

Lorsqu'une ligne tracée sur une surface est minima entre les points A et B, *elle est géodésique dans cette étendue;* ce théorème est une conséquence immédiate des principes les plus simples du calcul des variations et de la formule (6).

La réciproque n'est pas vraie : l'amplitude de l'arc minima sur une ligne géodésique est déterminée par la règle suivante : *Étant donnée une ligne géodésique* AM *issue du point* A, *si* A' *est le point où cette courbe est coupée par une ligne géodésique infiniment voisine, issue aussi du point* A, *la ligne* AM *est minima de* A *en* A' *et cesse de l'être au delà de* A'. La première démonstration *complète* de ce théorème énoncé par Jacobi est due à M. O. Bonnet [*].

11. La formule (6) montre que les conditions

$$\frac{1}{\rho_1} = 0, \qquad M_1M' = MM_2$$

sont des conséquences l'une de l'autre. Donc :

Si une série de courbes (q_2) *tracées sur une surface sont telles, que*

---

[*] *Voir* l'énoncé de Jacobi dans le *Journal* de Crelle, tome XVII; une Note de M. J. Bertrand dans la 3ᵉ édition de la *Mécanique analytique;* et le travail de M. Bonnet dans le *Compte rendu* du 2 juillet 1855.

les distances de deux courbes infiniment voisines (q_2) *et* $(q_2 + dq_2)$ *quelconques soit constante, leurs trajectoires orthogonales* (q_1) *sont des lignes géodésiques.*

Et à l'inverse, *étant données sur une surface deux séries de lignes orthogonales* (q_1), (q_2), *si les lignes* (q_1) *sont géodésiques, deux courbes quelconques de l'autre série* (q_2) *seront équidistantes* (les distances étant comptées suivant les lignes géodésiques).

12. Il résulte de là que, si l'on prend pour lignes coordonnées des lignes géodésiques et leurs trajectoires orthogonales, on pourra indiquer la position d'une ligne géodésique coordonnée quelconque par l'arc m intercepté sur une trajectoire orthogonale déterminée à partir d'un point fixe de cette trajectoire, et une trajectoire orthogonale quelconque par la longueur commune n des lignes géodésiques comptée à partir de la trajectoire orthogonale fixe. Dans ce système, l'élément linéaire d'une courbe quelconque tracée sur la surface prendra la forme simple

$$ds^2 = dn^2 + \frac{1}{\mu} dm^2,$$

où μ désigne une fonction de m et de n.

---

13. Deux surfaces S et S' étant données, la condition nécessaire et suffisante pour qu'elles se composent de triangles égaux, et soient par suite applicables l'une sur l'autre, est qu'on puisse établir entre les divers points M et M' de ces deux surfaces une correspondance telle, qu'on ait toujours $ds = ds'$.

Or en désignant par σ l'arc du méridien d'une surface de révolution, et par θ l'angle compris entre un méridien quelconque et un méridien fixe, on a

$$ds^2 = d\sigma^2 + b^2 \varphi(\sigma) d\theta^2$$

pour l'élément linéaire d'une courbe quelconque tracée sur la surface. Si ρ est le rayon du parallèle, et z l'abscisse comptée sur l'axe de révolution, on aura ainsi

$$\rho = b\sqrt{\varphi(\sigma)}, \qquad z = \int d\sigma \sqrt{1 - \frac{b^2 \varphi'(\sigma)^2}{4\varphi(\sigma)}};$$

en sorte que, si la constante b est prise assez petite, la surface sera réelle.

Donc, *Si une surface est telle, que, par rapport à une certaine série de lignes géodésiques coordonnées* (ω), *et à leurs trajectoires orthogonales* (r), *l'élément linéaire d'une courbe quelconque est de la forme*

$$(7) \qquad ds^2 = dr^2 + \frac{d\omega^2}{R},$$

R *étant une fonction de la variable r seule, la surface sera applicable sur une surface de révolution.*

Nous nous bornerons à ces notions qui nous sont seules nécessaires, en renvoyant, pour plus de détails, aux notes dont M. Liouville a enrichi l'*Analyse* de Monge, et au précieux Mémoire de M. O. Bonnet *sur la théorie générale des surfaces* (*Journal de l'École Polytechnique*, XXXIIe Cahier).

II.

Équations du mouvement.

14. Soit M un point matériel dont la masse est prise pour unité, et qui se meut sur une surface, $\pi(x, y, z)$ sous l'influence d'une force dont les composantes par rapport aux axes coordonnés sont X, Y, Z.

Lorsque aux variables x, y, z on substitue les paramètres q_1, q_2 des lignes coordonnées orthogonales qui découpent la surface en rectangles, la demi-force vive T a pour expression

$$(8) \qquad T = \frac{1}{2}\frac{ds^2}{dt^2} = \frac{1}{2}(Eq_1'^2 + Gq_2'^2),$$

où q'_1, q'_2 désignent les dérivées de q_1 et q_2 par rapport au temps; et les équations du mouvement sont, d'après les formules générales de la *Mécanique analytique*,

$$(9) \qquad \begin{cases} \dfrac{d}{dt}\left(\dfrac{dT}{dq'_1}\right) - \dfrac{dT}{dq_1} = Q_1, \\ \dfrac{d}{dt}\left(\dfrac{dT}{dq'_2}\right) - \dfrac{dT}{dq_2} = Q_2, \end{cases}$$

avec les relations

$$(10)\quad \begin{cases} Q_1 = X\dfrac{dx}{dq_1} + Y\dfrac{dy}{dq_1} + Z\dfrac{dz}{dq_1}, \\ Q_2 = X\dfrac{dx}{dq_2} + Y\dfrac{dy}{dq_2} + Z\dfrac{dz}{dq_2}. \end{cases}$$

L'introduction de la valeur (8) de T donne aux équations du mouvement la forme définitive

$$(11)\quad Eq''_1 + \frac{1}{2}\frac{dE}{dq_1}q'^2_1 + \frac{dE}{dq_2}q'_1 q'_2 - \frac{1}{2}\frac{dG}{dq_1}q'^2_2 = Q_1,$$

$$(12)\quad Gq''_2 + \frac{1}{2}\frac{dG}{dq_2}q'^2_2 + \frac{dG}{dq_1}q'_1 q'_2 - \frac{1}{2}\frac{dE}{dq_2}q'^2_1 = Q_2.$$

15. La géométrie fournit une démonstration simple et directe de ces formules.

Décomposons la force qui agit sur le point M en trois rectangulaires, l'une suivant la normale en M à la surface, les deux autres F_1 et F_2 suivant les tangentes aux deux courbes coordonnées (q_2), (q_1), qui se croisent en M. Pour un déplacement élémentaire ds du point M sur la surface, la composante normale produit un travail nul, en sorte que le travail de la force se réduit à la somme des travaux de F_1 et de F_2, c'est-à-dire à

$$F_1\,ds_1 + F_2\,ds_2$$

ou

$$F_1\sqrt{E}.dq_1 + F_2\sqrt{G}.dq_2.$$

D'autre part l'accroissement élémentaire de la puissance vive est

$$d\,\frac{1}{2}v^2 = \frac{1}{2}\,d\,\frac{E\,dq_1^2 + G\,dq_2^2}{dt^2}.$$

Le théorème de l'effet du travail donne donc, la différentiation étant effectuée,

$$F_1\sqrt{E}\,dq_1 + F_2\sqrt{G}\,dq_2 = dq_1\left[Eq''_1 + \frac{1}{2}\frac{dE}{dq_1}q'^2_1 + \frac{dE}{dq_2}q'_1 q'_2 - \frac{1}{2}\frac{dG}{dq_1}q'^2_2\right]$$
$$+ dq_2\left[Gq''_2 + \frac{1}{2}\frac{dG}{dq_2}q'^2_2 + \frac{dG}{dq_1}q'_1 q'_2 - \frac{1}{2}\frac{dE}{dq_2}q'^2_1\right].$$

Il suffira alors d'égaler les coefficients de dq_1 et de dq_2 dans les deux membres, et de poser

$$F_1\sqrt{E} = Q_1, \quad F_2\sqrt{G} = Q_2,$$

pour trouver les équations du mouvement (11) et (12).

On voit d'ailleurs, ce que l'on savait déjà, que Q_1 et Q_2 ne sont pas les composantes de la force qui agit sur le point, mais les coefficients de dq_1 et de dq_2 dans l'expression du travail élémentaire de cette force.

III.

Calculs communs aux deux sortes d'intégrales.

16. Étant donnée une intégrale

$$(13) \qquad \alpha \quad \text{ou} \quad \alpha + t = F(q_1, q_2, q'_1, q'_2)$$

des équations du mouvement, on peut en général en déduire l'expression des forces qui produisent le mouvement, et, par suite, trouver le problème qui a conduit à cette intégrale. La solution de cette question suppose seulement que les composantes de la force puissent s'exprimer en fonction des coordonnées du point. Mais, dans certains cas, la méthode tombe en défaut; elle conduit pour les forces à des expressions indéterminées; ces cas sont les seuls où l'intégrale puisse convenir à plusieurs problèmes.

Entrons dans les détails.

17. En différentiant l'équation (13) par rapport à t, on a

$$0 \quad \text{ou} \quad -1 = \frac{d\alpha}{dq_1}q'_1 + \frac{d\alpha}{dq_2}q'_2 + \frac{d\alpha}{dq'_1}q''_1 + \frac{d\alpha}{dq'_2}q''_2,$$

et, en remplaçant q''_1, q''_2 par leurs valeurs tirées des équations du mouvement (11) et (12),

$$(A)\quad \left\{ \begin{aligned} 0 \quad \text{ou} \quad -1 = {} & \frac{d\alpha}{dq_1}q'_1 + \frac{d\alpha}{dq_2}q'_2 \\ & + \frac{1}{E}\frac{d\alpha}{dq'_1}\left[Q_1 + \frac{1}{2}\frac{dG}{dq_1}q'^2_2 - \frac{1}{2}\frac{dE}{dq_1}q'^2_1 - \frac{dE}{dq_2}q'_1 q'_2\right] \\ & + \frac{1}{G}\frac{d\alpha}{dq'_2}\left[Q_2 + \frac{1}{2}\frac{dE}{dq_2}q'^2_1 - \frac{1}{2}\frac{dG}{dq_2}q'^2_2 - \frac{dG}{dq_1}q'_1 q'_2\right]; \end{aligned} \right.$$

Q_1 et Q_2, qui sont des fonctions de q_1 et de q_2, et qui dépendent des forces accélératrices, n'entrent qu'au premier degré.

Cette relation (A) ne contenant que t, q_1, q_2, q'_1, q'_2 auxquelles on peut attribuer des valeurs arbitraires et indépendantes les unes des autres (car on peut se donner arbitrairement à une époque quelconque les coordonnées du point M et les composantes de sa vitesse), doit être *une identité*. On peut donc la différentier par rapport à q'_1 et q'_2, et former deux équations nouvelles, qui, renfermant aussi Q_1 et Q_2 au premier degré, permettront en général de déterminer la valeur de ces inconnues.

Avant de différentier, mettons l'égalité (A) sous la forme

$$o = M + \frac{1}{E}\frac{d\alpha}{dq'_1}Q_1 + \frac{1}{G}\frac{d\alpha}{dq'_2}Q_2.$$

Dès lors, en différentiant successivement par rapport à q'_1 et q'_2, on trouve

$$o = \frac{dM}{dq'_1} + \frac{1}{E}\frac{d^2\alpha}{dq'^2_1}Q_1 + \frac{1}{G}\frac{d^2\alpha}{dq'_2\,dq'_1}Q_2,$$

$$o = \frac{dM}{dq'_2} + \frac{1}{E}\frac{d^2\alpha}{dq'_1\,dq'_2}Q_1 + \frac{1}{G}\frac{d^2\alpha}{dq'^2_2}Q_2.$$

Q_1 et Q_2 devant satisfaire à ces trois équations, auront des valeurs déterminées, à moins que deux de ces équations ne rentrent dans la troisième. Donc le seul cas où l'intégrale (13) puisse convenir à plusieurs problèmes est celui où les coefficients de Q_1 et de Q_2 dans les trois équations précédentes sont proportionnels, c'est-à-dire le cas où l'on a

$$\frac{\dfrac{d^2\alpha}{dq'^2_1}}{\dfrac{d\alpha}{dq'_1}} = \frac{\dfrac{d^2\alpha}{dq'_2\,dq'_1}}{\dfrac{d\alpha}{dq'_2}}, \qquad \frac{\dfrac{d^2\alpha}{dq'_1\,dq'_2}}{\dfrac{d\alpha}{dq'_1}} = \frac{\dfrac{d^2\alpha}{dq'^2_2}}{\dfrac{d\alpha}{dq'_2}}.$$

Les fonctions

$$\log\frac{d\alpha}{dq'_1} \quad \text{et} \quad \log\frac{d\alpha}{dq'_2}$$

ont alors les mêmes dérivées par rapport à q'_1 et q'_2; la différence de ces logarithmes, c'est-à-dire le logarithme du quotient

$$\frac{\frac{d\alpha}{dq'_1}}{\frac{d\alpha}{dq'_2}},$$

et par suite ce quotient lui-même, doit être indépendant de q'_1 et q'_2, et n'être fonction que de q_1 et q_2; on a donc, en désignant par $\varphi(q_1, q_2)$ cette fonction,

$$\frac{d\alpha}{dq'_1} - \varphi(q_1, q_2) \cdot \frac{d\alpha}{dq'_2} = 0.$$

Pour intégrer cette équation aux différentielles partielles du premier ordre, on prend le système

$$\frac{d\alpha}{0} = \frac{dq'_1}{1} = \frac{dq'_2}{\varphi},$$

qui montre que l'intégrale α, considérée relativement aux variables q'_1 et q'_2, est une fonction de

$$q'_2 + \varphi . q'_1 .$$

Donc une intégrale ne saurait être commune à plusieurs problèmes si elle ne rentre dans la forme

$$(14) \qquad \alpha \quad \text{ou} \quad \alpha + t = \mathrm{F}[q_1, q_2, q'_2 + \varphi(q_1, q_2) q'_1].$$

---

18. La somme

$$q'_2 + \varphi(q_1, q_2) q'_1,$$

multipliée par un certain facteur, peut toujours devenir une dérivée exacte m'. Adoptons pour lignes coordonnées les courbes (m), et leurs trajectoires orthogonales (n).

L'intégrale considérée prend la forme

$$\alpha \quad \text{ou} \quad \alpha + t = \mathrm{F}(m, n, m');$$

on a d'ailleurs

$$ds^2 = \frac{1}{\mu} dm^2 + \frac{1}{\nu} dn^2,$$

et l'équation (A), dans laquelle on remplace q_1 par m, q_2 par n, E par $\frac{1}{\mu}$, G par $\frac{1}{\nu}$, $\frac{d\alpha}{dq'_2}$ par o, devient

$$
(\mathrm{A}_1)\quad \left\{
\begin{aligned}
&0 \text{ ou } -1 = \frac{d\alpha}{dm} m' + \frac{d\alpha}{dn} n' \\
&\qquad + \frac{d\alpha}{dm'}\left[\mu Q_1 - \frac{\mu}{2\nu^2}\frac{d\nu}{dm} n'^2 + \frac{1}{2\mu}\frac{d\mu}{dm} m'^2 - \frac{1}{\mu}\frac{d\mu}{dn} m' n'\right].
\end{aligned}
\right.
$$

Dans cette équation, qui doit être identique, n' n'entre qu'explicitement; on peut donc égaler à zéro séparément les coefficients de n' et de n'^2; on obtient ainsi les deux relations

$$
(15)\qquad \frac{d\nu}{dm} = 0,
$$

$$
(16)\qquad \frac{d\alpha}{dn} + \frac{1}{\mu}\frac{d\alpha}{dm'}\frac{d\mu}{dn} m' = 0.
$$

La première prouve que ν ne contient pas m et ne dépend que de n; la distance

$$
\frac{dn}{\sqrt{\nu}}
$$

des deux courbes (n), $(n + dn)$ est donc indépendante de m. Ces deux courbes sont donc équidistantes; et, en vertu du n° **11**, *leurs trajectoires orthogonales* (m) *sont des lignes géodésiques.*

La seconde (16) donne

$$
\frac{d\alpha}{0} = \frac{dn}{1} = \frac{dm'}{\frac{m'}{\mu}\frac{d\mu}{dn}},
$$

et par suite

$$
\alpha = \mathrm{C}, \qquad \frac{dm'}{m'} = \frac{\frac{d\mu}{dn}dn}{\mu}, \qquad \frac{m'}{\mu} = \mathrm{C}_1;
$$

elle montre donc que l'intégrale α, considérée relativement aux variables m' et n, est une fonction de

$$
\frac{m'}{\mu}.
$$

Nous substituerons, pour plus de facilité, à m' la variable u, définie par la relation

$$\frac{m'}{\mu} = u,$$

et nous aurons pour la forme de l'intégrale

$$(17) \qquad \alpha \quad \text{ou} \quad \alpha + t = \mathrm{F}(m, u).$$

---

19. Les courbes (m) étant des lignes géodésiques, on peut (n° **12**) dans l'élément linéaire réduire le coefficient de dn^2 à l'unité, c'est-à-dire prendre

$$ds^2 = dn^2 + \frac{1}{\mu} dm^2,$$

où μ est une fonction de m et de n.

Dès lors, si l'on profite de cette simplification qui donne $\nu = 1$, si de plus on a égard à la relation (16) et à la formule

$$\frac{d\alpha}{dm'} = \frac{d\alpha}{du}\frac{du}{dm'} = \frac{1}{\mu}\frac{d\alpha}{du},$$

qui résulte de la définition de la nouvelle variable u, l'équation (A_1) prend la forme

$$(A_2) \qquad 0 \quad \text{ou} \quad -1 = \frac{d\alpha}{dm}\mu u + \frac{d\alpha}{du}\left(Q_1 - \frac{1}{2}u^2\frac{d\mu}{dm}\right).$$

Rappelons que α est une fonction de m et de u, et que Q_1 et μ sont des fonctions de m et de n. La différentiation de (A_1), par rapport à la variable u, donne

$$(18) \qquad 0 = \frac{d^2\alpha}{dm\,du}\mu u + \frac{d\alpha}{dm}\mu + \frac{d^2\alpha}{du^2}\left[Q_1 - \frac{1}{2}u^2\frac{d\mu}{dm}\right] - u\frac{d\mu}{dm}\frac{d\alpha}{du},$$

et si entre cette relation et (A_1) on élimine la parenthèse, ce qui se fait en multipliant (A_2) par $-\frac{d^2\alpha}{du^2}$ et (18) par $\frac{d\alpha}{du}$ et ajoutant, on obtient l'équation

$$(19)\quad \left\{ 0 \quad \text{ou} \quad \frac{d^2\alpha}{du^2} = -u\frac{d\mu}{dm}\left(\frac{d\alpha}{du}\right)^2 + \mu\left[u\left(\frac{d^2\alpha}{dm\,du}\frac{d\alpha}{du} - \frac{d^2\alpha}{du^2}\frac{d\alpha}{dm}\right) + \frac{d\alpha}{dm}\frac{d\alpha}{du}\right],\right.$$

qui va nous permettre de déterminer la forme de la fonction μ. Mais pour cela il faut distinguer deux cas, suivant que cette équation différentielle du premier ordre a pour premier membre o ou $\frac{d^2\alpha}{du^2}$, c'est-à-dire suivant que l'intégrale étudiée doit être indépendante du temps ou contenir le temps.

IV.

Intégrales indépendantes du temps.

20. Lorsque l'intégrale ne renferme pas le temps, le premier membre de l'équation (19) est zéro, et on peut donner à cette équation la forme

$$\frac{1}{\mu}\frac{d\mu}{dm} = \frac{1}{u\left(\frac{d\alpha}{du}\right)^2}\left[\frac{d\alpha}{dm}\frac{d\alpha}{du} + u\left(\frac{d^2\alpha}{dm\,du}\frac{d\alpha}{du} - \frac{d^2\alpha}{du^2}\frac{d\alpha}{dm}\right)\right].$$

Or μ est une fonction des variables m et n seules; elle ne contient pas u; le second membre ne dépend au contraire que de u et de m, il ne renferme pas n, car α n'est fonction que de m et de u : on doit conclure de là que la variable u disparaît d'elle-même dans le second membre, et que l'expression

$$\frac{1}{\mu}\frac{d\mu}{dm} = \frac{d}{dm}(\log\mu)$$

est une fonction de m seul. On a donc, en intégrant,

$$\log\mu = \log M + \log N,$$

$$\mu = M.N,$$

M et N étant deux fonctions, l'une de m, l'autre de n.

Par conséquent, l'élément des trajectoires orthogonales des lignes géodésiques (m) a pour expression

$$\frac{dm}{\sqrt{MN}} = \frac{\frac{dm}{\sqrt{M}}}{\sqrt{N}}.$$

Or on peut toujours poser

$$(20) \qquad \int \frac{dm}{\sqrt{M}} = \omega;$$

et l'on voit, en désignant par r la variable n de façon que les nouvelles variables qui servent de paramètre au système de coordonnées soient ω et r, que l'élément linéaire d'une courbe quelconque tracée sur la surface a une expression de la forme

$$ds^2 = dr^2 + \frac{d\omega^2}{R},$$

où R est une fonction de r seul.

Donc, d'après ce que nous avons dit au n° **13**, *la surface est applicable sur une surface de révolution.*

C'est le théorème de M. Bertrand.

---

21. Il reste à calculer Q_1 et à trouver la forme générale de l'intégrale.

L'intégrale est, nous l'avons vu, de la forme

$$\alpha = F(m, u),$$

et l'équation (A_2) à laquelle il faut actuellement revenir se réduit à

$$(A_3) \qquad o = \frac{d\alpha}{d\omega} Ru + \frac{d\alpha}{du} Q_1,$$

dans notre nouveau système de variables. Elle donne

$$Q_1 = -\frac{\frac{d\alpha}{d\omega}}{\frac{d\alpha}{du}} uR.$$

Or Q_1 étant une fonction de ω et de r, et le second membre dépendant de ω, u, R, il faut que u disparaisse de lui-même, et par suite que le coefficient de R, qui est d'ailleurs indépendant de r, soit une fonction de ω seulement. On peut toujours représenter une telle fonction par une dérivée Ω'; nous aurons donc

$$Q_1 = -R\Omega'. \tag{21}$$

Cette notation est plus commode pour la recherche de la forme de l'intégrale.

22. Eu égard à cette valeur de Q_1, l'équation (A_8) devient

$$o = \frac{d\alpha}{d\omega} u + \frac{d\alpha}{du} \Omega'.$$

L'intégration dépend du système simultané

$$\frac{d\alpha}{o} = \frac{d\omega}{u} = -\frac{du}{\Omega'},$$

d'où

$$\alpha = C,$$

$$o = \Omega' d\omega + udu, \quad \frac{1}{2}u^2 + \Omega = C_1,$$

en sorte qu'on a

$$\alpha = F\left(\frac{1}{2}u^2 + \Omega\right),$$

ou simplement

$$\alpha = \frac{1}{2}u^2 + \Omega;$$

car il revient au même d'écrire qu'une expression est constante ou qu'une fonction de cette expression est constante.

D'ailleurs

$$u = \frac{m'}{\mu} = \frac{m'}{MN},$$

et comme M est une certaine fonction Ω_1 de ω donnée par l'équation (20), il vient

$$u^2 = \frac{\omega'^2}{\Omega_1 R},$$

et, par suite, pour la forme définitive de l'intégrale,

$$\alpha = \frac{1}{2}\frac{\omega'^2}{\Omega_1 R} + \Omega. \tag{22}$$

V.

Intégrales qui dépendent du temps.

23. Lorsque l'intégrale considérée doit contenir le temps, l'équation (19) est une équation différentielle linéaire avec second membre, qui prouve que la fonction μ est de la forme

$$\mu = M + M_1 N,$$

M et M_1 étant deux fonctions de m, et N une fonction de n. Les termes en u, dans le second membre, doivent d'ailleurs s'entre-détruire, puisque μ ne dépend que de m et de n.

L'élément des trajectoires orthogonales des lignes géodésiques (m) prend alors la forme

$$\frac{dm}{\sqrt{M + NM_1}} = \frac{\frac{dm}{\sqrt{M_1}}}{\sqrt{\frac{M}{M_1} + N}},$$

ou

$$\frac{d\omega}{\sqrt{\Omega_1 + R}};$$

en posant

$$\int \frac{dm}{\sqrt{M_1}} = \omega, \tag{23}$$

appelant r la variable n, de façon à avoir ω et r pour paramètres des lignes coordonnées, et désignant par Ω_1 et R deux fonctions, l'une de ω, l'autre de r.

L'intégrale a d'ailleurs la forme

$$\alpha + t = F(\omega, u).$$

En substituant à μ l'expression $\Omega_1 + R$ dans l'équation(A_2), à laquelle il convient actuellement de revenir, on a

$$(A_4) \qquad -1 = \frac{d\alpha}{d\omega}(R + \Omega_1)u + \frac{d\alpha}{du}\left(Q_1 - \frac{1}{2}u^2\Omega'_1\right);$$

d'où l'on déduit

$$Q_1 = -Ru\frac{\frac{d\alpha}{d\omega}}{\frac{d\alpha}{du}} + \frac{1}{\frac{d\alpha}{du}}\left(\frac{1}{2}u^2\Omega'_1 - \frac{d\alpha}{d\omega}\Omega_1 u - 1\right).$$

Q_1 ne dépendant que de ω et de r, u doit disparaître de lui-même dans le second membre, et l'on doit avoir

$$(24) \qquad Q_1 = -R\Omega'_2 + \Omega_3,$$

Ω'_2 et Ω_3 étant deux fonctions de ω; nous mettons la première sous la forme d'une dérivée, pour faciliter les calculs suivants.

---

24. Cette valeur de Q_1 transforme l'équation (A_4) en la suivante :

$$(A_5) \qquad -1 = \frac{d\alpha}{d\omega}(R + \Omega_1)u + \frac{d\alpha}{du}\left(-R\Omega'_2 + \Omega_3 - \frac{1}{2}u^2\Omega'_1\right),$$

dans laquelle la variable r figure explicitement, car elle n'entre que dans R. Égalant donc à zéro le coefficient de R et le terme indépendant, on trouve les deux relations

$$(25) \qquad u\frac{d\alpha}{d\omega} - \frac{d\alpha}{du}\Omega'_2 = 0,$$

$$(26) \qquad 1 + \frac{d\alpha}{d\omega}\Omega_1 u + \frac{d\alpha}{du}\left(\Omega_3 - \frac{1}{2}u^2\Omega'_1\right) = 0.$$

La première donne

$$\frac{d\alpha}{0} = \frac{d\omega}{du} = \frac{du}{\Omega'_2};$$

d'où

$$\alpha = C,$$

$$\Omega'_2 d\omega + u du = 0, \quad \Omega_2 + \frac{1}{2}u^2 = C_1.$$

en sorte qu'on a pour l'intégrale

(27) $$\alpha + t = F\left(\frac{1}{2}u^2 + \Omega_2\right).$$

---

25. Posons

(28) $$\Omega_2 + \frac{1}{2}u^2 = v;$$

par ce changement de variable, l'équation (26), après élévation au carré et eu égard à la formule

$$\frac{d\alpha}{du} = \frac{d\alpha}{dv}u,$$

devient

(29) $$\frac{1}{2\left(\frac{d\alpha}{dv}\right)^2} = (v - \Omega_2)[\Omega'_2\Omega_1 + \Omega_3 - (v - \Omega_2)\Omega'_1]^2.$$

Le premier membre ne dépend que de v; il doit donc en être de même du second, qui est un polynôme du troisième degré en v. Ce polynôme est ici décomposé en facteurs; pour qu'il ne depende que de v, il faut que les racines de l'équation, qu'on obtiendrait en annulant ce polynôme en v, soient constantes; donc on a déjà, à cause du premier facteur,

$$\Omega_2 = \text{constante} = p.$$

Le second facteur se réduit à

$$[\Omega_3 - (v - p)\Omega'_1],$$

et il donne à son tour

$$\Omega'_1 = \text{constante} = -k;$$

d'où

$$\Omega_1 = -k\omega + h,$$

et

$$\Omega_3 = \text{constante} = g.$$

On a donc

(30) $$1^\circ. \quad Q_1 = g,$$

c'est la condition imposée aux forces;

$$2^\circ. \quad \Omega_1 + R = R - k\omega$$

(car la constante h passe dans R), et, par suite,

$$(31) \qquad ds^2 = dr^2 + \frac{d\omega^2}{R - k\omega},$$

c'est la forme que nous avions annoncée pour l'élément linéaire dans l'introduction.

Telles sont les conditions imposées aux forces et à la surface pour qu'il existe une intégrale commune à plusieurs problèmes et qui dépende du temps.

---

26. Voici, pour finir, comment on trouve la forme de cette intégrale. L'équation (29) donne

$$\frac{1}{2\left(\frac{d\alpha}{dv}\right)^2} = (v - p)\,[g + (v - p)k]^2;$$

d'où

$$d\alpha = \frac{dv}{\sqrt{2(v-p)}\,[g + (v-p)k]},$$

ou, à cause de $2(v - p) = u^2$,

$$d\alpha = \frac{du}{g + \frac{1}{2}ku^2},$$

et par suite, en intégrant,

$$\alpha + t = \sqrt{\frac{2}{gk}} \cdot \operatorname{arc\,tang} \sqrt{\frac{k}{2g}}\, u.$$

D'ailleurs on a

$$u = \frac{m'}{\mu} = \frac{1}{\sqrt{M_1}} \frac{\frac{m'}{\sqrt{M_1}}}{\left(\sqrt{\frac{M}{M_1}} + N\right)^2} = \frac{\omega'}{\Omega(R - k\omega)},$$

en désignant M_1 par Ω^2, fonction définie par l'équation (23) ; l'intégrale prend donc la forme définitive

$$\alpha + t = \sqrt{\frac{2}{gk}} \cdot \text{arc tang} \sqrt{\frac{k}{2g}} \frac{\omega'}{\Omega(R - k\omega)}.$$

Vu et approuvé,
Le 17 juillet 1858,
Le Doyen de la Faculté des Sciences,
MILNE EDWARDS.

Permis d'imprimer,
Le 17 juillet 1858,
Le Vice-Recteur de l'Académie de Paris,
CAYX.

Paris. — Imprimerie de Mallet-Bachelier, rue du Jardinet, 12.

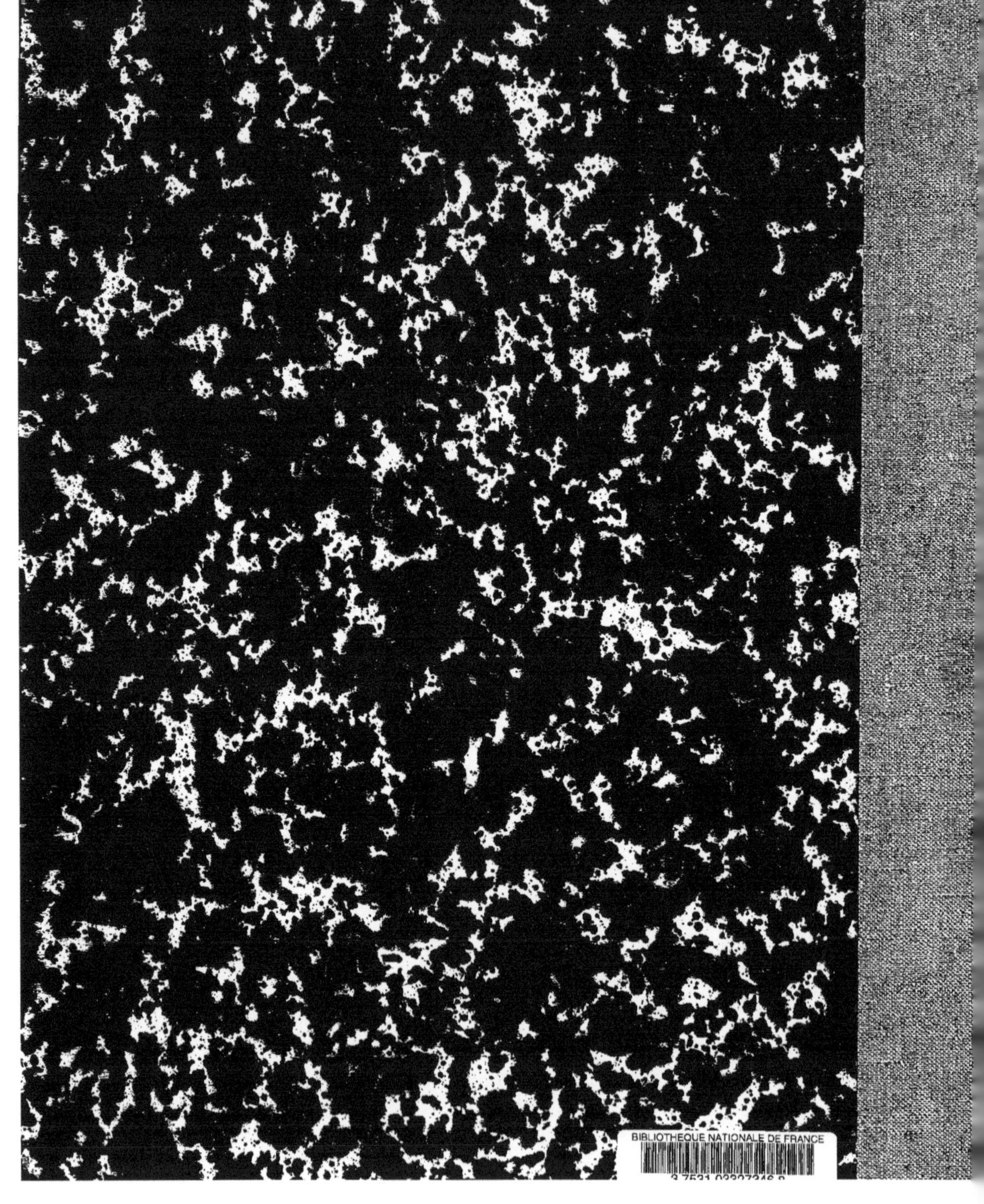

www.ingramcontent.com/pod-product-compliance
Ingram Content Group UK Ltd.
Pitfield, Milton Keynes, MK11 3LW, UK
UKHW012255240726
13966UKWH00004B/1427